园林植物

主　编　张　凤　朱新华　窦晓蕴

副主编　孟　丽　王宝来　殷秀梅

U0339916

北京理工大学出版社

BEIJING INSTITUTE OF TECHNOLOGY PRESS

内 容 提 要

本书打破传统园林植物教材的理论体系，采用项目教学与任务驱动教学的教材编写思路，围绕实际就业岗位，依据园林行业对人才的知识、能力、素质的要求，对园林植物知识进行有机整合，涵盖园林植物的营养器官、园林植物的生殖器官、园林植物的分类及鉴定、裸子植物和被子植物五大知识模块，按照由局部到整体、由简单到复杂的顺序完成园林植物的识别与应用能力的培养。每一模块设计"任务设置"，让学生在"任务实施"的过程中，学习理论知识，提升职业技能，从而实现"教、学、做"一体化，知识与工作职位的一体化。

本书适用于高等院校的园林工程、园林技术、园艺技术等专业教学、园林企业职工培训，还可供广大园林爱好者自学使用。

图书在版编目（CIP）数据

园林植物 / 张凤，朱新华，窦晓蕴主编. -- 北京：
北京理工大学出版社，2021.9
ISBN 978-7-5763-0416-9

Ⅰ.①园…　Ⅱ.①张…②朱…③窦…　Ⅲ.①园林植
物－高等学校－教材　Ⅳ.①S68

中国版本图书馆CIP数据核字（2021）第194325号

出版发行 / 北京理工大学出版社有限责任公司
社　　　址 / 北京市海淀区中关村南大街5号
邮　　　编 / 100081
电　　　话 / （010）68914775（总编室）
　　　　　　（010）82562903（教材售后服务热线）
　　　　　　（010）68944723（其他图书服务热线）
网　　　址 / http://www.bitpress.com.cn
经　　　销 / 全国各地新华书店
印　　　刷 / 河北鑫彩博图印刷有限公司
开　　　本 / 787毫米×1092毫米　1/16
印　　　张 / 14　　　　　　　　　　　　　　　责任编辑 / 钟　博
字　　　数 / 276千字　　　　　　　　　　　　文案编辑 / 钟　博
版　　　次 / 2021年9月第1版　2021年9月第1次印刷　责任校对 / 周瑞红
定　　　价 / 65.00元　　　　　　　　　　　　责任印制 / 边心超

前 言 PREFACE

　　园林植物是高等院校园林技术、园林工程、园艺技术等专业的一门专业基础课程。园林规划设计、园林工程施工、园林苗圃和园林植物的养护管理，都必须具备园林植物的知识。

　　本书在编写的过程中结合职业教育现状，结合学生认知特点来构建教学内容体系，按照完成职业岗位实际工作任务所需要的能力、知识、素质要求构建教学内容，以工作任务为教学单元，以园林植物的识别和应用能力的培养为目标，采用"任务设置—知识链接—任务实施—任务考核—知识拓展"的体例结构，将教学内容整合为五个项目十一个工作任务。在每一个项目中，通过"任务设置"和"任务实施"来完成技能培养，通过"相关知识"和"知识拓展"来完成理论教学，通过"任务考核"和"巩固训练"来检验教学成果，从而将理论知识和操作技能有机地结合在一起，使学生在项目学习中充分享受学中做、做中学的乐趣。

　　在本书编写过程中，编者深入企业一线收集资料，与各领域专家共同研究教材内容，编写团队吸纳了两名具有多年园林行业工作经验的企业专家参与教材编写，使本书更加贴近生产实际、知识点更加精准，提炼出来的项目、任务、活动和主题源于生产实践又高于生产实践，使教学不脱离生产实践，从而真正实现产教融合，落实技能培养。

　　本书依托山东省精品资源共享课程建设成果，配套了丰富的教学资源，涵盖本课程的全部知识和技能，本书将各项目、任务、知识点录制成丰富的教学视频，并在书中以二维码形式呈现，供学习者使用移动端扫码进行学习，为课程建设了开放性网络课程资源，实现线上线下混合式教学。除此以外，还有教学课件、教案、教学辅助视频、图片库等完善的基本资源库，以及案例库、职业岗位标准、法律法规等针对产业发展需要开发建设的资源，既能满足基本教学活动，又能了解行业发展的前沿技术和新成果。

本书由莱芜职业技术学院张凤、朱新华、窦晓蕴担任主编。编写分工如下：张凤编写项目一的任务二和任务三、项目二的任务一、项目四；山东城市建设职业学院的窦晓蕴编写项目一的任务一，山东易方达建设项目管理有限公司的王宝来编写项目二的任务二；山东协和学院的殷秀梅编写项目三；山东城市建设职业学院的孟丽编写项目五的任务一和任务二；山东昊业建设工程集团有限公司的朱新华编写项目五的任务三和任务四。

在本书编写过程中，编者参阅了有关教材、专著，在此表示感谢。在编写过程中，编者还得到了有关专家、同事的大力支持和帮助，在此一并表示衷心的感谢！

由于编者水平有限，书中不妥之处在所难免，恳请广大读者批评指正，提出宝贵意见，以便及时修改。

编　者

目 录
CONTENTS

绪　论

园林植物（Landscape plant）是指适用园林绿化的植物材料，通常是指绿化效果好、观赏价值高或具有经济价值的植物。其包括木本和草本的观花、观叶或观果植物，以及适用园林、绿地和风景名胜区的防护植物与经济植物，室内花卉装饰用的植物及具有观赏价值且适合园林栽培应用的果树、蔬菜和药用植物，蕨类、水生、仙人掌等多浆类、食虫类植物也常包括在园林植物范围内。

园林植物课程以培养园林植物生产和应用工作所需的具有园林植物识别和应用能力的专业人才为目标。园林植物课程是研究植物的形态结构、生长发育规律和园林观赏植物的分类方法、分类特征、地理分布、繁殖方法、园林应用等方面的科学，是园林专业重要的基础课，是园林规划、园林工程设计、园林植物栽培与养护、园林新品种创造等技术的基础，是进一步学好"花卉学""园林植物栽培与养护""植物景观设计""园林植物病虫害防治"等专业课的必要条件和基础。

园林景观中的组成元素很多，如园林植物、园林建筑、园林小品、园路、园桥、水体、山石等，其效用虽各不相同，但园林景观中如果没有园林植物就不能称为真正的园林，因此，园林植物在园林景观中的作用可谓举足轻重。植物是园林景观营造的主要素材，园林绿化能否达到实用、经济、美观的效果，在很大程度上取决于园林植物的选择和配置。

我国植物资源丰富，仅种子植物就有3万余种，其中可作为园林植物的很多。如银杏、水杉、水松、银杉等，不仅有活化石之美称，还是久有盛名的园林植物；此外，有杜仲、八角、麻黄、朱砂根等，既是名贵药用植物，也是园林植物；桃、梨、苹果、李子等既是水果植物，也可作为园林植物。丰富的植物资源为我国园林事业的发展提供了雄厚的物质基础。

园林植物种类繁多，每种植物都有自己独特的形态、色彩、风韵、芳香等。而这些特色又能随季节及年龄的变化而有所丰富和发展。例如，春季梢头嫩绿，花团锦簇；夏季绿叶成荫，浓彩覆地；秋季硕果累累，色香齐俱；冬季白雪挂枝，银装素裹；四季各有不同的风姿妙趣。园林设计常通过不同植物之间的组合配置，创造出千变万化的景观。从园林规划设计的角度出发，根据外部形态，通常将园林植物分为乔木、灌木、藤本、竹类、花卉、草皮六类。由于受气候等自然条件的影响，乔木、灌木、花卉、草皮在景观设计中运用较多，藤本和竹类常作为点缀出现。

园林设计常通过各种植物的合理搭配，创造出景致各异的景观，愉悦人们的身心。由于地理位置、生活文化及历史习俗等原因，人们对不同植物常形成带有一定思想感情的看法，甚至将植物人格化。例如，我国常以四季常青的松柏代表坚贞不屈的革命精神，并象征长寿、永年；欧洲许多国家认为月桂树代表光荣，橄榄枝象征和平。一些文学家、画家、诗人更常用园林植物这种特性来借喻，因此，园林植物又常成为美好理想的象征。如最为人们所知的松、竹、梅被称为"岁寒三友"，象征坚贞、气节和理想，代表着高尚的品质。一些地区，过年要有"玉、堂、春、富、贵"的传统观念，在家中摆放玉兰、海棠、迎春、牡丹、桂花，借以寄托对来年美好生活的期盼。"几处早莺争暖树，谁家新燕啄春泥。乱花渐欲迷人眼，浅草才能没马蹄。最爱湖东行不足，绿杨荫里白沙堤。"这是诗人白居易对园林植物形成春光明媚景色的描绘。"独坐幽篁里，弹琴复长啸。深林人不知，明月来相照。"这是诗人王维对园林植物形成"静"的感受。各种植物的不同配植组合，能带给人们丰富多彩的精神享受。

二、园林植物在自然界中的地位和作用

1. 改善环境、净化空气

植物通过光合作用，将无机物合成有机物，也就是将太阳能储藏在有机物中，这是地球上最大规模地将无机物转化为有机物的方式。这个过程将光能转化为可储积的化学能，并将氧气释放出来，补充大气中的氧；这也是地球上生物界生命活动所需能量和其他必须条件的基本源泉。

绿色植物能进行光合作用，将简单的无机物合成复杂的有机物，并在植物体内进一步同化为脂类、蛋白质类物质，这不仅解决了绿色植物自身的营养问题，还维持了非绿色植物和人类的生命。通过细菌和真菌对死亡的有机体进行分解，又可将复杂的有机物分解成简单的无机物，再为绿色植物所利用。总之，植物在自然界中，通过光合作用和矿化作用，即合成和分解，使自然界的物质循环往复，永无止境。

科学数据显示，每公顷森林每天可消耗 1 000 kg 二氧化碳，放出 730 kg 氧气。这就是人们在公园中感觉神清气爽的原因。在城市中，园林植物是空气中二氧化碳和氧气的调节器。在光合作用中，植物每吸收 44 g 二氧化碳可放出 32 g 氧气，园林植物为保护人们的健康默默地做着贡献。当然，不同植物光合作用的强度是不同的，如每 1 g 的新鲜松树针叶在 1 h 内能吸收二氧化碳 3.3 mg，同等情况下柳树却能吸收 8.0 mg。通常，阔叶树种吸收二氧化碳的能力强于针叶树种。在居住区园林植物的应用中，就应充分考虑到这个因素，合理地进行配置。此外，还要给习惯早锻炼的人提个醒，早晨日出前植物尚未进行光合作用，此时空气中含氧量较低，最好日出后再进行锻炼，相比较而言，下午空气中氧气含量较高，此时锻炼为佳。

2. 分泌杀菌素

据统计数据显示，城市中空气的细菌数比公园绿地的细菌数多 7 倍以上。公园绿地中细菌少的原因之一是很多植物能分泌杀菌素。根据科学家对植物分泌杀菌素的系列科学研究得知，具有杀灭细菌、真菌和原生动物能力的主要园林植物有雪松、侧柏、圆柏、黄栌、大叶黄杨、合欢、刺槐、紫薇、广玉兰、木槿、茉莉、洋丁香、悬铃木、石榴树、枣树、钻天杨、垂柳、栾树、臭椿及一些蔷薇属植物。此外，植物中一些芳香性挥发物质还可以起到使人们精神愉悦的效果。

3. 吸收有毒气体

城市中的空气含有许多有毒物质，某些植物的叶片可以吸收有毒物质并进行解毒，从而减少空气中有毒物质的含量。当然，吸收和分解有毒物质时，植物的叶片也会受到一定影响，产生卷叶或焦叶等现象。通过实验可知，汽车尾气排放会产生大量的二氧化硫，臭椿、旱柳、榆、忍冬、卫矛、山桃既有较强的吸毒能力，又有较强的抗性，是良好的净化二氧化硫的树种。此外，丁香、连翘、刺槐、银杏、油松也具有一定的吸收二氧化硫的功能。一般来说，落叶植物的吸硫能力强于常绿阔叶植物。对于氯气，臭椿、旱柳、卫矛、忍冬、丁香、银杏、刺槐、珍珠花等植物具有一定的吸收能力。

4. 阻滞尘埃

城市中的尘埃除含有土壤微粒外，还含有细菌和其他金属性粉尘、矿物粉尘等，它们既会影响人体健康，还会造成环境的污染。园林植物的枝叶可以阻滞空气中的尘埃，相当于一个滤尘器，使空气洁净。各种植物的滞尘能力差别很大，其中，榆树、朴树、广玉兰、女贞、大叶黄杨、刺槐、臭椿、紫薇、悬铃木、蜡梅、加杨等植物具有较强的滞尘作用。通常，树冠大而浓密、叶面多毛或粗糙及分泌油脂或黏液的植物都具有较强的滞尘力。

5. 调节气候，改善小环境内的空气湿度

园林植物对于改善小环境内的空气湿度有很大影响。树荫下人们感到凉爽宜人，这主要是树冠遮挡了阳光，减少了阳光的辐射热量，降低了小气候的温度所致。园林

植物能提高空气湿度，一株中等大小的杨树，在夏季白天每小时可由叶片蒸腾 5 kg 水到空气中，一天即达 0.5 t。如果在一块场地种植 100 株杨树，相当于每天在该处洒 50 t 水的效果。不同的植物具有不同的蒸腾能力。不同植物的蒸腾度相差很大，有目标地选择蒸腾度较强的植物种植，对提高空气湿度有明显作用。

6. 减弱光照，降低噪声

园林植物还具有减弱光照和降低噪声的作用。阳光照射到植物上时，一部分被叶面反射，一部分被枝叶吸收，还有一部分透过枝叶投射到林下。由于植物吸收的光波段主要是红橙光和蓝紫光，反射的光波段主要是绿光，所以从光质上说，园林植物下和草坪上具有大量绿色波段的光，这种绿光要比铺装地面上的光线柔和得多，对眼睛有良好的保健作用，在夏季还能使人觉得爽快和宁静。城市生活中有很多噪声，如汽车行驶声、空调外机声等，园林植物具有降低噪声的作用。单棵树木的隔声效果虽然小，丛植的树阵和枝叶浓密的绿篱墙隔声效果则十分显著。实践证明，隔声效果较好的园林植物有雪松、松柏、悬铃木、梧桐、垂柳、臭椿、榕树等。

7. 保护水源，防止水土流失

树木、树冠的截留，地被植物的截留，地被植物的吸收和土壤的渗透作用，都大大减少或减缓了地表径流量和速度；植物根系有固土、固石的能力，还有利于水分渗入土壤下层，从而减少暴雨造成的水土流失，起到水土保持的作用，防止水土流失，减轻泥石流、滑坡等自然灾害。

三、学习园林植物的方法

园林植物是园林专业一门重要的专业基础课，它以园林植物为研究对象，涵盖了园林植物形态构造、园林植物分类等方面的基础知识、基础理论和基本技能。学习园林植物课程的目的在于认识和掌握植物的形态构造、生长发育的基本规律，研究植物类群的演化与系统发育的规律；掌握植物与环境之间的辩证关系，从而控制、利用和改造植物，扩大和充分利用各种园林植物资源；促进园林植物在园林工程中的合理配置、合理利用和科学管理，更好地为我国的国民经济建设服务。因此，本课程的学习任务主要是通过各种学习手段掌握园林植物的基础理论、基础知识、基本技能，树立创新理念，启发科学思维，提高自己分析问题、解决问题和综合运用的能力。

本课程具有较强的实践性，根据高职学生的学习特点，室内教学主要采用实物演示、直观教学、启发引导、案例分析、分组讨论等方法，采用新鲜的园林植物标本和课件中的园林植物图片进行直观教学，引导学生对园林植物的特征（如茎、叶、花的形态、颜色、质地等）进行观察并讨论观察结果。在教学中，我们采用较多的还有案例分析、分组讨论的方法，将知识传授、能力培养和素质养成融于一个个案例中，即由教师向学生展示园林植物配置的典型案例并提出问题，学生分组讨论，然后各组代表发言，进行自由辩论，最后由教师进行总结、点评。

在实践教学活动中，主要采用现场情境教学法。学生在实践基地进行园林植物识别的技能训练，让学生在做中学，在做中强化技能，争做技能能手，充分体现学生的主体地位。教师做中教，提出问题，答疑解惑，最后实地考核每一个学生的掌握和熟悉程度，教师要始终把握实践的目的，扮好主导的角色。

因此，要想学好园林植物课程，还需掌握以下几点：一是要善于观察，能够将实际看到的植物形态与课本上的标准形态联系起来，实现理论与实物的对接；二是要学会对知识的梳理，能够将所学的知识串连起来，形成清晰的、纵向的知识构架，以利于对知识的领会和运用；三是善于运用比较方法，抓住知识要领，如在识别不同种类的植物时，通过仔细观察，比较不同类型的性状差异，掌握这种差异的关键性状和稳定性状，可以获得良好的学习效果；四是树立变化的观念，植物学是解释植物生命现象和生命过程的科学，课本上介绍的是一般的形态构造、一般的生长发育过程及一般的生活规律，而植物有机体生活在大自然中，有时间、空间的差异和生态要素的差异，常常在生长发育、形态构造等方面表现出有机体相互之间有所变化或与课本描述的不完全吻合，但本质上或根本原理上是相同的，因此，要透过现象看本质。学习的过程中树立变与不变的观念，把握变与不变的分寸，是学习园林植物有效方法之一。

大自然是一本活的教科书，学习就要抓住植物界"一岁一枯荣"的生长、发育、开花、结果的大好时机，将园林植物的知识学活，这是区别于其他课程的行之有效的好方法。同时，要联系生产实际、生活实际，用学到的知识来解释生产和生活中的问题，在教师的指导下开展一些探究性的研究，激发进一步探讨植物科学中未知世界的欲望和兴趣。

项目一 园林植物的营养器官

　　种子植物一般具有根、茎、叶、花、果实、种子六种器官。其中，根、茎、叶与植物营养的吸收、合成、转化、运输和贮藏有关，称为营养器官；花、果实、种子与植物的生殖有关，称为生殖器官。种子又是种子植物的花在完成开花、传粉和受精等一系列有性生殖过程后产生的，是有性生殖的产物，和花的结构密切相关。种子植物的生活是依赖于根、茎、叶三种营养器官的生理作用来维持的。

　　植物根、茎、叶的外部形态、内部结构与生理功能有一定的相适应关系。就多数情况而言，在不同的植物中，统一起源的形态、结构是大同小异的，然而在自然界中，由于环境的变化，植物器官为适应某一特殊环境条件，需改变其原有的功能，故而其形态和结构也随之改变，再经过长期的自然选择，已成为该种植物的特征。这种由于功能的改变所引起的植物器官的一般形态和结构上的变化称为变态。发生了变态的器官叫作变态器官，它是植物在漫长的植物系统发育中、在长期的历史发展中为了适应特殊的环境条件而形成的，是自然选择的结果。

任务一

▪ 根及根系类型认知 ▪

【**技能目标**】

1. 能够正确描述根的外部形态；
2. 能够识别根、根系的类型和形态；
3. 能够识别根的变态器官；
4. 会采集根的各种标本。

【**知识目标**】

1. 了解根的生理功能；
2. 掌握根和根系的类型及外部形态；
3. 掌握根及根系的识别要点；
4. 掌握根的变态器官的特点。

【**素质目标**】

1. 能够独立制订学习计划，并按计划学习和撰写学习体会；
2. 学会检查监督管理，具有分析问题、解决问题的能力；
3. 会查阅相关资料、整理资料；
4. 具有良好的团队合作、沟通交流和语言表达能力；
5. 具有吃苦耐劳、爱岗敬业的职业精神。

【**任务设置**】

1. 学习任务：了解根的作用；识别根和根系的类型及形态；掌握苗木移栽时根系的处理方法。

2. 工作任务：一年生苗木换床移植准备。本市某园林公司要对国槐、元宝枫等一年生树苗进行换床移植，现邀请园林专业的学生为其做好苗木准备工作。

一、根的生理功能

根（root）构成了植物体的地下部分，是植物为适应陆地生活在进化过程中逐渐形成的器官。其具有吸收、固着、输导、合成、贮藏和繁殖等功能。

（1）固着与支持：根系深入土壤，以其反复分支形式的庞大根系和根内牢固的机械组织及维管组织共同构成了植物体的固着、支持部分，使植物体固着在土壤中，并使其直立。

（2）吸收：根的主要功能是从土壤中吸收水分、溶于水中的矿物质和氮素（如 CO_2、硝酸盐、硫酸盐、磷酸盐及 Ca、K、Mg 等离子）。

（3）输导：由根毛、表皮吸收的水分和无机盐，通过根的维管组织输送到枝，而叶制造的有机养料经过茎输送到根，由根的维管组织输送到各部分，维持根的生长和生活需要。

（4）合成：根可合成某些重要的有机物，如十几种氨基酸、植物碱和激素等，并将其运送至生长部位，对植物生长、发育有很大影响，如其中的氨基酸被运输到生长部位并进一步合成蛋白质。

（5）贮藏和繁殖：由于根的薄壁组织较发达，常具贮藏功能，贮藏物有淀粉（红薯）、糖类（甜菜）、维生素、胡萝卜素（胡萝卜）。有的根还具有繁殖功能，能形成不定芽，萌发出新枝（如白杨、刺槐），利用根的这种性质可对植物进行营养繁殖，如泡桐、火炬树。

除此之外，根在人类的生活、生产和环境保护中有多种用途。植物的根不仅可以食用（如红薯、萝卜等）、药用（如人参、党参、黄芪等）、做工业原料（如杉木、火棘等许多植物的根皮可提取鞣料）和制作工艺品，而且在保护坡地、堤岸，防止水土流失和固定流沙等方面有着不可替代的作用。

二、根与根系的形成及类型

（一）根的类型

根据发生部位的不同，根分为定根和不定根两大类，如图 1-1 所示。

微课：根与根系的
类型

图 1-1　根的类型

（a）定根；（b）不定根

1. 定根

种子萌发时，胚根突破种皮，向下垂直生长形成最粗、最长的根叫作主根（main root），因其最先出现，又称为初生根（primary root）。当主根长到一定长度后，在主根一定部位上侧向生长出的许多支根，称为侧根（lateral root），也称为次生根（secondary root）。之后，又可分为一级侧根、二级侧根、三级侧根等。其中，一级侧根从主根上长出，而二级侧根从一级侧根上长出，以此类推，便形成了许多级的侧根，并依级数的升高，根越分越细，如图 1-2 所示。以上两种都是从植物体固定的部位长出，故属定根（normal root）。

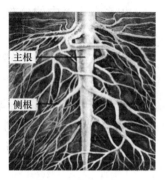

图 1-2　主根和侧根

2. 不定根

有些植物从茎、枝、叶、老根、胚轴上产生根，这种根产生的部位不固定，因而称为不定根（adventitious root）。如竹、水仙的根，草莓、葡萄茎上产生的不定根，柳枝条上产生的不定根，落地生根叶上产生的不定根，吊兰的气生根及扦插长出的根。

园艺生产上，常利用枝条、叶、地下茎等能产生不定根的习性，进行大量的扦插、压条等营养繁殖。

（二）根系的类型

一株植物地下部分的所有根的总称为根系（root system）。即根系由主根、侧根和不定根所构成。根据起源和形态的不同，种子植物的根系可分为直根系和须根系两种类型，如图 1-3 所示。

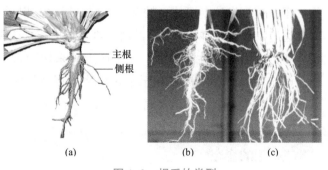

图 1-3　根系的类型

（a）青菜直根系；（b）直根系；（c）须根系

1. 直根系（tap root system）

直根系是指主根粗壮发达、垂直向土壤中生长，主根上有各级侧根，主根与侧根有明显的区分的根系。如松柏等裸子植物的根系，以及大多数双子叶植物的根（如油菜、大豆、蒲公英等）属于这种类型。

2. 须根系（fibrous root system）

须根系是指主、侧根无明显区别，主根不发达或早期停止生长，由茎的基部或胚轴上产生许多粗细、长短相似的不定根，丛生呈丝状、须状。单子叶植物的根多属于这种类型，如吊兰、美人蕉、百合、禾本科草坪草等均为须根系。

（三）根系在土壤中的分布

根系在土壤中的分布受遗传因素、土壤条件（如土壤水分、通气性、温度、肥料、物理性质等）和光照条件等各种因素的影响。

根系在土壤中的分布极为广泛。它在土壤中一方面向深处发展，另一方面向四周扩展，深入与扩展的情况依种类而异，如大麦、小麦的根深达 1～2.2 m，苜蓿达 3～5 m。生长于我国西部及新疆等地的骆驼刺根系深达 20 m 以上，而从根分布的角度来看，一些葱属植物的根系直径为 30～60 cm，玉米根系的直径为 1.5～1.8 cm。

根据根系在土壤中的分布状况，可将根系分为深根系和浅根系两类。

1. 深根系（deep root system）

深根系主根发达，垂直向下生长，深入土层可达 3～5 m，甚至 10 m 以上，如马尾松、苹果、蓖麻等。直根系常分布在较深的土层，故属于深根系。

2. 浅根系（shallow root system）

浅根系的主根不发达，侧根或不定根向四面扩展，长度远超主根，根系大部分分布在土壤表层，如棕榈、车前草、悬铃木、葱兰等。须根系常分布在较浅的土层，故属于浅根系。

当然，这种根系的深与浅是相对的，往往易随着环境条件的改变而发生变化，如在雨水较少、地下水位较低、土壤排水和通气条件良好、土壤肥沃和光照充足的地方，植物的根系较为发达，可伸入较深的土层。反之，根系不发达，多分布在较浅的土层。生产上通过中耕、深耕、施肥、灌溉、排水等措施来改善土壤条件，使根系健康的发育。

利用根系深浅性的不同，在生产上可采用两种不同作物的间作或套作，以充分利用土壤空间及水肥资源，如禾本科植物与豆科植物套种，既可充分利用土壤的水肥条件，也可改变土壤结构，提高土壤肥力、增加产量。

三、根的变态

正常根生于土壤中，具有吸收和支持的功能，由于功能改变引起的形态和结构都发生变化的根称为变态根（modificationofroot）。它是植物体在长期进化发展过程中形成的变态，是适应环境的结果，是一种可以稳定遗传的变异，这种变态的特性形成之后，会一代代地遗传下来，成为遗传性状。主根、侧根和不定根都可以发生变态。在外形上，根无节和节间、无叶和芽，根据这些形态特征，以识别变态的根。常见的变态根有下列几种，如图1-4所示。

图1-4　根的变态类型

（a）支持根；（b）攀缘根；（c）寄生根；（d）气生根；（e）水生根

1. 贮藏根

贮藏根多见于2～3年或多年生草本植物，这些植物的根体肥大多汁，形状多样，贮藏大量养分，以供抽茎开花时所需，贮藏的有机物有的为淀粉，有的为糖分和油滴，如胡萝卜、甜菜、甘薯等。贮藏根依据其来源及形态的不同，又可分为肉质直根和块根两种类型。

（1）肉质直根（fleshy tap root）。肉质直根主要由主根发育而成，所以每株植物只有一个肉质直根，细胞内贮存了大量的养料，可供植物越冬后发育之用，也是人类食用的部分，如萝卜、胡萝卜、甜菜。萝卜是由于形成层活动的结果，肉质直根大部分是次生质部，薄壁组织非常发达，贮藏大量的营养物质。皮是由次生韧皮部和周皮共同构成。有些部位的薄壁细胞可以恢复分裂能力，转变成副形成层，由副形成层再产生三生木质部和三生韧皮部，共同构成三生结构。胡萝卜肉质直根大部分是次生韧皮部，而"芯"是次生木质部。

（2）块根（root tuber）。块根是由不定根或侧根经过增粗生长而成的，因此，在一株植物上可形成多个块根。如甘薯和大丽花的根，甘薯肥大的肉质直根就是最常见的块根之一。

2. 支柱根

支柱根也叫作支持根（prop root），是由茎节上长出的一种具有支持作用的变态根。

如玉米从茎节上生出不定根伸入土中，成为支持植物体的辅助根，可防止倒伏，如图 1-5 所示。又如我国南方的榕树，树干上产生许多须状的不定根，垂直向下生长，到达地面后即插入土壤中，形成强大的木质支柱，犹如树干，起支持和吸收作用。

3. 呼吸根

红树、水松等植物生在海岸和沼泽，呼吸十分困难，因而有部分根垂直向上伸出土面，暴露于空气之中，便于呼吸，这些支根称为呼吸根（respiratory root）。呼吸根内有许多气道，具有输送和贮藏空气的作用，如图 1-6 所示。

图 1-5　玉米的支柱根　　　　图 1-6　红树的呼吸根

4. 气生根

一些兰科植物能自茎部产生不定根，悬垂在空中，称为气生根（aerial root）。一般无根冠和根毛的结构，如吊兰（图 1-7）和龟背竹等。

5. 攀缘根

一些藤本植物（如凌霄、常春藤）的茎细长柔弱，不能直立，从茎的一侧产生许多不定根，固着在山石、墙壁表面，借此攀缘上升，这些不定根称为攀缘根（climbing root），如图 1-8 所示。

图 1-7　吊兰的气生根

6. 寄生根

寄生根也称为吸根（parasitic root）。有些寄生植物（如菟丝子）茎缠绕在寄生主茎上，它们的不定根形成吸器，可钻入寄主的茎内，以吸取寄主体内的营养和水分为生，如图 1-9 所示。

 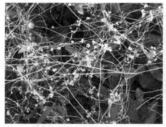 

图 1-8　常春藤的攀缘根　　　　图 1-9　菟丝子的寄生根

移植苗木时，通常选择根系发育良好、不劈不裂、大小适宜且带有较多侧根的植株。这是由于根系是苗木吸收水分和营养物质的器官，根系越完整，栽植后就能越快恢复，及时地给苗木提供水分和营养，从而提高移植成活率，并为以后苗木的健壮成长奠定坚实的基础。移植时，苗木所带根系的大小应根据品种、苗龄、规格、气候等因素而定。一般来说，苗木的年龄和规格越大，温度越高，所带的根系也应该越多。

（一）起苗

1. 裸根起苗

裸根起苗适用落叶树大苗、小苗及常绿树小苗等。

（1）确定根系范围。依据苗木的大小，确定根系的范围。一般乔木根系的水平半径为苗木地径的 5 ～ 8 倍，高度为根系直径的 2/3 左右；而灌木一般以株高的 1/3 ～ 1/2 确定根系半径。

（2）挖掘方法。

1）大苗。单株挖掘，以树干为中心画圆，沿着圆周向下垂直挖至一定深度，切断侧根，再于一侧向内掏底，将粗根切断，最后将苗取出。如遇难以切断的粗根，应把四周土掏空后，用手锯锯断。切忌强按树干和硬劈粗根，造成根系劈裂。

2）小苗。在确定的根系宽幅稍大的范围外挖沟，待挖至一定深度后，切断侧根，再于一侧向内深挖，同时，轻轻倒放苗木并打碎根部泥土，注意尽量保留须根，最后将挖好的苗木打上泥浆。

（3）注意事项。

1）如遇天气干燥，可在 2 ～ 3 天前对苗木灌水，使根系吸水变脆，土质变软，便于操作。

2）如果挖出的苗木不能及时运走或栽植，应置于通风阴凉处，或将根系泡入水中，或假植在土里。

2. 带土球起苗

带土球起苗适用常绿树、名贵树、较大的花灌木和移植成活率不高的落叶树等。

（1）确定土球大小。土球的大小因苗木大小、树种成活难易、根系分布、土壤及运输等条件而异。一般土球半径为根茎直径的 8 ～ 16 倍，高度约为土球直径的 2/3，即包括了大部分的根系在土球内，灌木的土球大小以其高度的 1/3 ～ 1/2 为标准。

（2）挖掘方法。先用草绳将树冠拢起，再将苗干周围无根生长的表层土壤铲除。以苗干为中心画圆，沿着圆周外围垂直挖一条操作沟，沟宽为 60 ～ 80 cm，沟深与土球高度相等。挖的过程中，若遇到细根就用铁锹斩断，但对直径为 3cm 以上的粗根则不能用铁锹斩断，以免震裂土球，而应该用锯子锯断。

待挖至规定深度后，用铁锹将土球表面及四周修平，使土球呈上大下小的苹果形，对主根较深的树种可将土球修成萝卜形。一般土球的下部直径以不超过水平直径的 2/3 为宜。换言之，整个土球的形状，是自上而下逐渐收窄的。这样的土球在包扎时才会牢固，不易滑脱。最后用铁锹从土球底部斜着向内切断主根，使土球与土底分开。

（3）注意事项。

1）天气干旱时，为防止土球松散，可在挖掘的 1 ～ 2 天前对苗木灌水，以增强土壤的粘结力。

2）起苗时，应尽量保护好苗木的根系，不伤或少伤大根，同时，尽量多保留须根，以提高成活率。另外，也要注意保护苗木的枝干，以利于将来培养良好的树形。

3）在苗木的主根未切断前，不得硬推土球或硬掰树干，以免土球破裂或根系断损。

4）如果挖出的苗木不能及时运走或移植，应将土球用湿草帘覆盖或用土围住保存。

3. 冰坨起苗

冰坨起苗适用生长在东北地区的针叶树种，这个地区的特点是冬季土壤冻结层深。

冰坨大小的确定及挖掘方法，与带土球起苗基本一致。当气温降至 −12℃ 左右时，即可挖掘土球。若挖开侧沟时，发觉土球下部冻得不牢不深，可于坑内停放 2 ～ 3 天。如果是因为土壤干燥而导致冻结不实时，可在土球表面泼水，待土球冻实后，再用铁钎插入冰坨底部，用锤子将铁钎慢慢打入，直至震掉整个冰坨为止。但是为了保持冰坨的完整性，掏底时不能太过用力，以防震碎。

（二）修剪

起苗后，要对苗木的根系和枝叶进行适当的修剪。

1. 修根

（1）裸根苗：剪短过长的根系，剪去病虫根和根系受损的部分，主根过长也应适当剪短。

（2）带土球根：将土球外边露出的较大根段的伤口剪齐，过长须根也要剪短。

2. 修枝

修根后还要对枝条进行适当修剪，为的是减小树冠幅度，维持地上地下的水分平衡，使苗木移植后顺利成活。

（三）移植

修根、修枝后的苗木要马上进行移植，具体的方法是将大小一致、树形完好的一批苗木栽植在同一地块中。实际上，无论是裸根苗，还是带土球苗，它们的根系（特别是吸收根）都曾遭受过严重的破坏，不仅根幅和根量缩小，而且吸水能力大大降低，在栽植后需要经过一段时间，才能发出较多新根，恢复吸收能力。因此，在栽植前可用根宝、生根粉、保水剂等化学药剂处理根系，使苗木在移植后能更快地成活。

此外，为保证栽植的成活率，还必须抓住四个关键点来保持和恢复树体的水分平衡：第一，在起苗、运输和栽植过程中，要严格保湿、保鲜，防止苗木失水过多；第二，选择有利于伤口愈合和促发新根的栽植时期；第三，栽植时使苗木的根系与土壤紧密地接触，并在栽植后保证土壤有充足的水分供应；第四，如果苗木所带枝叶较多，在根系恢复正常生长之前，应采取各种方法抑制蒸腾作用，以减少树体水分蒸发。

※ 任务实施

（1）学生分组：4～6人/组。

（2）苗木准备：国槐和元宝枫的一年生小苗；若起苗前天气干燥，可提前2～3天对苗地灌水。

（3）领取工具：铁锹、草绳、卷尺、稻草等。

（4）起苗：自苗床外侧向内掘苗，再轻推苗木使之倾倒，切断全部根系后，轻轻敲碎根部泥土，将苗取出。切忌强按树干和硬劈粗根，以免造成根系劈裂。

（5）修剪：剪短过长的根系，剪去病虫根和根系受损的部分；修剪苗冠的枝条，使之分布合理。

（6）蘸浆：先将苗木按一定的数量打捆，然后在黄泥浆中蘸根30 s，取出后再用稻草包裹，备用。

※ 任务考核

移植苗木准备工作考核标准见表1-1。

表1-1　移植苗木准备工作考核标准

项目		内容	评分标准	得分	教师评语
起苗		操作规范，根系损伤较小	30		
修剪	根系	掌握根系的修剪方法	30		
	枝叶	苗冠的枝叶分布合理	15		
蘸浆及包裹		根表面泥浆分布均匀，包裹严密无遗漏	15		
协作精神		分工明确，合作融洽	10		

根瘤和菌根

一些植物的根上有各种形状和颜色的瘤状凸起，称为根瘤。植物根系分布在土壤中，与土壤中的微生物有着密切的关系。有些微生物能侵入植物的组织，从中吸收它们生活所需的营养物质。而植物也由于微生物的作用而获得其所需的物质，这种植物与微生物双方互利共生的关系称为共生。根瘤和菌根就是高等植物的根系和土壤微生物之间共生关系所形成的结构。

1. 根瘤

受根毛分泌物的吸引，聚集在根毛周围的根瘤菌会分泌纤维素酶，溶解根毛的细胞壁，从而侵入根毛细胞。之后，根瘤菌分裂滋生，并逐渐延伸到皮层内。皮层细胞受到根瘤菌刺激也迅速分裂，产生大量的细胞，使皮层部分体积膨大，形成根瘤。

根瘤细菌的最大特点就是具固氮作用。菌体内含固氮酶，它能把大气中的游离氮转变为氨，供给豆科植物利用，同时根瘤菌可从皮层中吸收生活所需的水分和养料。

根瘤菌在皮层细胞内迅速分裂繁殖，皮层细胞受根瘤菌的刺激也迅速分裂（形成大量的新细胞，构成根瘤的分生组织），使皮层体积膨大和凸出，形成根瘤。其继续分化成外皮层和内部组织，并形成维管束，与根的维管束相连，相互转输代谢物质。钼能促进根瘤的形成与生长，使根瘤数量增多，体积增大，固氮量提高，故施钼酸铵能够增产。

根瘤菌的种类很多，每个种类常与一定植物共生。如豌豆根瘤菌只能在豌豆、蚕豆、苕子等植物上形成根瘤，而大豆根瘤菌只能在大豆根上形成根瘤。豆科植物与根瘤菌共生，不但豆科植物本身可得到氮素供应，而且根瘤脱落后还可增加土壤中的氮素，这就是农林生产中采用豆科植物作为绿肥的原因。

此外，近年研究表明，一些非豆科植物（如桦木科、大麻黄科、蔷薇科及裸子植物苏铁、罗汉松等植物）也能形成根瘤，也具有固化氮的能力，与非豆科植物共生的固氮菌多为放线菌类。

农业生产上常利用豆科作物作为绿肥，或将豆科作物与农作物或园林植物间作、轮作和套种，以增加土壤肥力。在种植豆科作物时，用活体根瘤菌或根瘤菌剂拌种。

根瘤菌剂是种植豆科作物的主要菌性肥料，因含大量活体的根瘤菌，也被称为活肥料。目前，根瘤菌剂的生产方法有工业化生产方法和简易生产方法两种。前者技术较复杂，投资较多，故不够普及。采用简单易行的干瘤法和鲜瘤法可达到事半功倍的效果。

干瘤法：在豆科作物的盛花期，选择健壮的植株，连根挖出，挑选主根和支根上聚集的许多大个、粉红色根瘤的植株，挂在通风处阴干后放于干燥处保存。翌年播种时，用刀割下根瘤，捣碎，加上少许凉开水搅拌均匀，即可拌种。一般每亩地用 5～10 株的根瘤。

鲜瘤法：在大田播种前 50 d 左右，在温室内提前育苗，育苗的大豆最好用干瘤法得到的根瘤（或根瘤菌剂）拌种，或在出苗一周左右追施一次根瘤菌肥，以促其根瘤长得好。待大田播种时，把正在生长的豆科作物连根挖出，选大个的根瘤捣碎后再加凉开水拌种。每亩地用 7～10 个大根瘤即可。

施用根瘤菌剂要注意以下要求：

（1）根瘤菌剂的专一性；

（2）根据根瘤菌的特性创造良好的土壤环境；

（3）配合微量元素及其他菌肥使用；

（4）拌种时宜在阴凉处。

2. 菌根

许多高等植物的根可以与土壤中的某些真菌生长，这种生长着真菌的幼根是一种共生菌体，称为菌根，根据菌丝在根中生长分布的不同，将菌根分为三种类型。

（1）外生菌根：真菌的菌丝大部分分布在幼根的外表，形成白色丝状外套，部分菌丝侵入表皮，皮层的细胞间隙。根尖通常变粗，根尖不具根毛，而由外被菌丝代替根毛的吸收作用。许多木本植物，如马尾松、油松、冷杉等常有外生菌根。

（2）内生菌根：真菌的菌丝侵入根的皮层细胞内和细胞间隙，根尖仍具根毛，内生菌根主要功能是促进根内运输。内生菌根的植物如银杏、侧柏、核桃、桑、五角枫、兰科、葱属等。

（3）内外生菌根：是内生与外生两种菌根的混合型。真菌的菌丝不仅包裹着根尖，而且侵入皮层细胞内和细胞间隙，如桦木属、柳属、苹果等植物。

共生的真菌能够加强根的吸收能力，外生菌根能够扩大根的吸收面积。菌丝还分泌多种水解酶类，促进根周围有机物质的分解。菌丝的呼吸作用可释放大量二氧化碳，溶解后成碳酸，提高土壤的酸性，促进一些难溶盐类的溶解，易于根的吸收。真菌还可以产生维生素 B_1、维生素 B_2，促进根系的发育。

在生产实践中，常采用接种真菌的方法育苗，也常施用菌根菌剂促进植物生长。菌根菌剂是一种活性菌剂，具有自繁殖能力，一旦与植物形成共生，在适合条件下可以在土壤中长期生存，长期有效。其组成菌剂的载体也多为有机质或天然矿物质，解除了污染环境和改变土壤结构的后顾之忧。

茎形态结构认知

【技能目标】

1. 能够识别和绘制常见茎的图片；
2. 能够识别芽的类型和茎的分枝类型；
3. 能够正确描述茎的形态；
4. 能够识别茎的变态器官；
5. 会采集茎的各种标本。

【知识目标】

1. 了解茎的生理功能；
2. 掌握茎的基本形态（茎的外形、芽的类型、分枝类型）；
3. 了解茎的生长习性；
3. 掌握茎的变态器官特点。

【素质目标】

1. 能够独立制订学习计划，并按计划学习和撰写学习体会；
2. 学会检查监督管理，具有分析问题、解决问题的能力；
3. 会查阅相关资料、整理资料；
4. 具有良好的团队合作、沟通交流和语言表达能力；
5. 具有吃苦耐劳、爱岗敬业的职业精神。

【任务设置】

1. 学习任务：学习识别植物茎的形态；能够通过对茎的观察来判断植物的种类。
2. 工作任务：树种识别。某园林公司新进一批园林苗木，有红瑞木、南蛇藤、丁香和丝棉木等，由于标签缺失，员工无法分辨树种，现在邀请园林专业的同学来帮助识别这些苗木。

【相关知识】

一、茎的形态及作用

1．茎的形态

茎是高等植物长期适应陆地生活过程中所形成的地上部分器官，通常为圆柱形，最适于担负支持、输导的功能。但马铃薯、莎草科茎为三棱形；薄荷、益母草等唇形科植物为四棱形；芹菜茎为多棱形；仙人掌为扁平柱形。

茎上有节和节间，在节上着生叶和开花结果，两个节之间的部分为节间。茎的顶端具有芽，称为顶芽，侧面的芽称为侧芽。茎和根在外形上的主要区别：茎有节和节间，在节上着生叶，在叶腋和茎的顶端具有芽，如图 1–10 所示。

茎顶墙
分生组织
叶
顶芽
叶片
腋芽
叶柄
节
节间
节 节间 节 节间 节

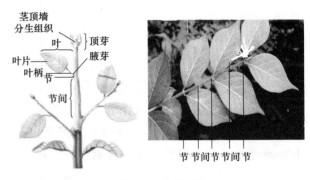

图 1–10　茎的形态

着生叶和芽的茎称为枝或枝条。节间伸长显著的枝条，通常只发育叶芽，称为长枝。节间短缩，各个节紧密相接的枝条，有花芽的分化称为短枝。许多果树（如梨和苹果）长枝是营养枝，短枝是果枝，如图 1–11 所示。

在落叶树（乔木和灌木）的冬枝上，除节、节间和芽外，还能看到木本植物的枝条，其叶片脱落后留下的疤痕叫作叶痕。叶痕中的点状凸起是枝条与叶柄间维管束断离后留下的痕迹，称为维管束迹或叶迹。在木本植物的枝条上能看到小型皮孔，它是茎内组织与外界进行气体交换的通道。皮孔最后会由于枝条的不断加粗而胀裂，所以在老茎上通常看不到。枝条上，顶芽开放时，其芽鳞片脱落后，在枝条上留下的密集痕迹叫作芽鳞痕，其数目可判断枝条生长的年龄和速度（图 1–12）。

2．茎的作用

茎的主要功能是起输导和支持作用。把根所吸收的物质输送到植物体的各个部分，同时，把植物在光合作用过程中的产物输

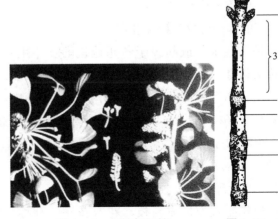

图 1–11　长枝与短枝

1 顶芽
2 腋芽
3 节间
4 节
5 皮孔
6 叶痕
7 芽鳞痕
8 束痕

图 1–12　茎的外形

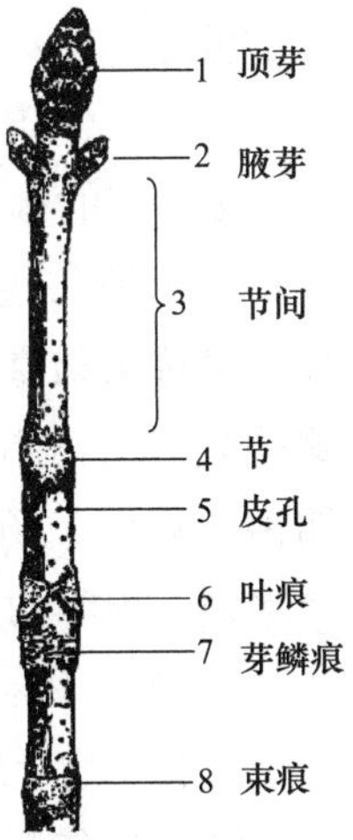

送到植物体所需要的各个地方。同时，茎也起支持作用，支撑植物体的叶、花、果实向四面空间伸展，支持植物体对风、雨、雪等不利自然条件的抵御。此外，茎也有贮藏和繁殖作用。

二、芽的类型

芽是枝条或花的原始体。一株树木的树冠就是由枝条上的芽逐年开放形成的。植物的芽以其生长的位置、性质、构造和生理状态可分为多种类型。

微课：芽

1．按照芽的位置分类

按照芽所处的位置可分为顶芽、腋芽和不定芽。

生长在茎或枝顶端的芽叫作顶芽，每个枝条只有一个顶芽。生长在枝侧面的叶腋内的芽叫作腋芽（或侧芽）。多数植物的叶腋中只有一个腋芽，称为单芽；而有些植物的叶腋处不止一个腋芽，其中除一个为正芽外，其余均称为副芽。有的腋芽生长位置较低，常被覆盖在叶柄基部内，直到叶脱落后，腋芽才露出，这样的芽叫作叶柄下芽，如悬铃木（法国梧桐）的腋芽等。凡不生长在枝顶或叶腋，而是在老茎、根或叶等部位上形成的芽统称为不定芽，如甘薯块根上的芽，秋海棠叶上的芽，老茎创伤口上产生的芽。

2．按照芽的性质分类

按照芽的性质可分为叶芽、花芽和混合芽。

叶芽是发育成营养枝的芽。花芽是发育成花或花序的芽。混合芽同时发育为枝、叶、花或花序的芽，如苹果芽。叶芽相对瘦小，而花芽和混合芽通常比较肥大，易与叶芽区分。植物的顶芽和侧芽既可能是叶芽，也可能是花芽或混合芽；植物的副芽则通常可能是花芽，如桂花的副芽等。

3．按照芽的构造分类

按照芽的构造可分为鳞芽和裸芽。

鳞芽是一些生长或起源于冬寒地带的多年生木本植物的越冬芽，外面有鳞片包被，又称为被芽。鳞片是叶的变态，有厚的角质层，外表还常覆盖有茸毛、蜡质或分泌的黏液、树脂等，从而起到保护作用（降低芽内水分散失，减少机械损伤保护），如梅、苹果、杨树等的芽。裸芽是无芽鳞片包被的芽，仅由幼叶保护着生长锥的芽，如水稻、棉等的芽。

4．按照芽的生理状态分类

按照芽的生理状态可分为活动芽和休眠芽。

能在当年生长季形成新枝、花或花序的芽称为活动芽，如一年生草本植物的芽等。温带的多年生木本植物，其枝上往往只有顶芽和近上端的一些腋芽在当季活动，而近下部的腋芽往往是不活动的，暂时保持休眠状态，这种芽称为休眠芽，它仍具有生长活动的潜势。在不同的条件下，活动芽与休眠芽可以互相转变。

三、茎的分枝方式

种子萌发后，由胚芽背地向上生长而形成植物体的主茎，茎上顶芽活动使茎不断伸长，新叶不断出现。每个腋芽经活动产生侧枝，侧枝可再产生分枝，以此类推，于是植物体就形成许多分枝。分枝有多种形式，这取决于顶芽和腋芽生长势的强弱、生长时间及寿命等，与植物遗传特性和生长环境也有关系。植物常见的分枝方式有以下几种，如图 1-13 所示。

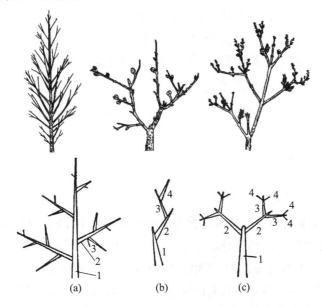

微课：枝及茎的分枝方式

图 1-13　植物茎的分枝方式

（a）单轴分枝；（b）合轴分枝；（c）假二歧分枝

（同级分枝以相同数字表示）

1. 单轴分枝

主茎的顶芽活动始终占据优势，形成一个直立的主轴，而侧枝较不发达，侧枝又形成各级分枝，但各级侧枝的生长均不如主茎发达。主茎的顶芽生长旺盛，形成直立粗壮的主干，而侧枝的发育程度远不如主茎。此后，侧枝又以同样方式形成次级侧枝，如水杉、杨树、松柏等。

2. 合轴分枝

顶芽生长活动一段时间后，或分化为花芽，或生长极慢，而靠近顶芽的腋芽，迅速发展为新枝，代替主茎的位置。不久，这条新枝的顶芽又以同样方式停止生长，再由其侧边的一个腋芽萌发成枝条代替生长，如此重复进行。因此，其主轴是由许多腋芽发育而成的侧枝联合而成。其形成的主轴是由一段很短的主茎与各级侧枝分段连接而成的，具有曲折、节间短、花芽较多的特点，是许多农作物和果树，如棉、柑橘、苹果、葡萄、马铃薯、番茄等多数被子植物的分枝方式。在农业上，通过整枝、摘心等措施，人为调控枝系的空间分布和配比，以达到早熟和丰产的目的。

3. 假二歧分枝

顶芽生长出一段枝条后停止发育，而顶芽两侧对生的侧芽同时发育为新枝，新枝再生一对新枝，形成二歧分枝，如辣椒、丁香的分枝。真正的二歧分枝多见于低等植物，如苔类（地钱）和卷柏的分枝。二歧分枝由顶端分生组织（生长点）一分为二形成两个分枝，经过一定时期生长，每一新枝的生长点又一分为二，依次下去形成的。

单轴分枝在裸子植物中占优势，而合轴分枝和假二歧分枝是被子植物主要的分枝方式，它们进化程度较高。由于顶芽停止活动，促进了大量侧芽的生长，从而使地上部有更大的开展性，既提高了支持和承受能力，还可使枝叶繁茂、通风透气，有效扩大光合面积，是一种进化方式，为枝繁叶茂、扩大光合面积创造有利条件。

四、茎的种类

（一）按照质地分类

按照茎的质地分类，可分为木质茎与草质茎。

（1）木质茎：即木质部发达的茎。具有此种茎的植物称为木本植物，其中，高大、主干明显、下部少分枝的为乔木，如厚朴。矮小、主干不显、下部多分枝的为灌木，如小蘗的茎。长大、柔韧、上升必须依附它物的则为木质藤本，如木通的茎。

（2）草质茎：即木质部不发达的茎。具有此种茎的植物称为草本植物，其中，在一年内完成生长发育过程的为一年生草本，如水稻、棉花等。到第二年才能完成生长发育过程的为二年生草本，如冬小麦等。到三年以上仍能长期生存的则为多年生草本，如薄荷、甘薯等。至于细长柔软、上升必须依附它物的则为草质藤本，如牵牛。另外，环境地理条件可以改变植物的习性，如蓖麻、棉花在北方为一年生植物，而在华南为多年生植物。

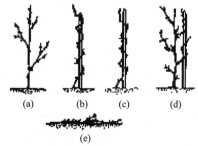

图 1-14　茎的生长方式
（a）直立茎；（b）、（c）缠绕茎；
（d）攀缘茎；（e）匍匐茎

（二）按照着生方式分类

按照茎的着生方式分类，可分为直立茎、攀缘茎、缠绕茎、匍匐茎，如图 1-14 所示。

（1）直立茎：即直立着生不依附它物的茎，如亚麻。

（2）攀缘茎：即需要依附它物才能上升的茎。其依附它物的部分有由根变态而成的吸盘，如常春藤的茎；有由茎或叶变态而成的卷须，如乌蔹莓、豌豆。

（3）缠绕茎：即依靠茎本身缠绕上升的茎。缠绕茎又分为左缠绕茎与右缠绕茎两种。

1）左缠绕茎：为向植物体本身的左方缠绕，即由下向上呈逆时针方向缠绕的茎，如打碗花。

2）右缠绕茎：为向植物体本身的右方缠绕，即由下向上呈顺时针方向缠绕的茎，如葎草。

（4）匍匐茎：即水平着生或匍匐于地面，节上同时有不定根长入地下的茎，如蛇莓、草莓等。

五、茎的变态

由于功能改变引起的形态和结构都发生变化的茎称为茎的变态。茎的变态是一种可以稳定遗传的变异。变态茎仍保留着茎的特征：如有节和节间的区别，节上生叶和芽，或节上能开花结果。变态茎可分为地上变态茎和地下变态茎两大类，如图1-15所示。

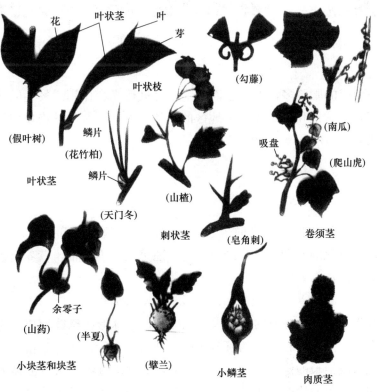

图 1-15　茎的变态

（一）地上变态茎

1. 叶状茎

叶子退化或早落，茎变为扁平或针状，长期为绿色，代叶行使光合作用。如文竹、假叶树（图1-16）、竹节蓼等植物的茎，外形很像叶，但其上有节，节上能生叶和开花。

2. 枝刺

有些植物（如柑橘、山楂、皂荚）的部分地上茎变态为刺，常位于叶腋，由腋芽发育而成，不易剥落，具有保护作用。而蔷薇、月季等茎上的刺，是茎表皮突出物，称为皮刺。

3. 茎卷须

藤本植物由茎变态成卷曲的细丝，用于缠绕其他物体攀缘生长，如黄瓜和南瓜的茎卷须发生于叶腋，相当于叶芽的位置，而葡萄的茎卷须（图1-17）是由顶芽转变而来的，在生长后期发生位置的扭转，其腋芽代替顶芽继续发育，向上生长，使茎卷须长在叶和腋芽位置的对面，导致整个茎成为合轴式分枝。

图1-16　假叶树的叶状茎　　　　图1-17　葡萄的茎卷须

4. 肉质茎

由茎变态而成的肥厚多汁的绿色肉质茎，可进行光合作用，发达的薄壁组织已转化为贮水组织，叶常退化，适于干旱地区的生活，如仙人掌类的肉质植物。变态茎可呈球状、柱状或扁圆柱形等多种形态。

（二）地下变态茎

1. 根状茎

根状茎外形与根相似，但横向生于土壤中，有明显的节和节间，具有顶芽和腋芽，节上往往有退化的叶和腋芽，同时，节上还可长出不定根，营养繁殖能力很强，如芦苇、白魔芋、姜、菊芋、莲藕等。

2. 块茎

块茎是由茎的侧枝变态成的粗短肉质地下茎，呈球形、椭圆形或不规则块状，贮藏组织特别发达，内贮藏有丰富的营养物质。从发生上看，块茎是植物茎基部的腋芽伸入地下，先形成细长的侧枝，到一定长度后，其顶端逐渐膨大，贮藏大量的营养物质而成的。如马铃薯的块茎，顶端有一个顶芽，节间缩短，叶退化为鳞片状，幼时存在，以后脱落，留有条形或月牙形的叶痕。在叶痕内侧凹陷的芽眼里面有腋芽一至多个，叶痕和芽眼在块茎表面相当于茎上节的位置上规律地排列，两个相邻芽眼之间即节间。另外，菊芋等植物也有块茎。

3. 鳞茎

鳞茎是由肥厚的肉质鳞叶包围的圆盘状地下茎。其枝（包括茎和叶）变态为肉质的地下枝，节间缩短为扁平的鳞茎盘，顶端有一顶芽，鳞茎盘上着生有多层肉质的鳞片叶，如洋葱、大蒜、百合等单子叶植物。营养物质主要贮存在肥厚的变态叶中，鳞叶的叶腋处有腋芽，形成侧枝，鳞茎盘下端产生不定根。大蒜的营养物质主要贮存在肥大的肉质腋芽（蒜瓣）中，包被在外围的鳞片叶，主要起保护作用。

4. 球茎

球茎是由植物主茎基部膨大形成的球状、扁球形或长圆形的变态茎，如荸荠、慈姑、芋等，有明显的节和节间，顶端有顶芽。球茎内贮藏有大量的营养物质，以供营养繁殖之用。

※ 任务实施

（1）学生分组：4～6人/组。

（2）任务用品：树木志、检索表等工具书。

（3）任务步骤：

1）将苗木进行编号；

2）对苗木茎、芽的形态进行描述；

3）查阅工具书对苗木进行品种鉴定；

4）填写表1-2。

表1-2 苗木观察记录

编号	茎的形态（对茎的外形、分枝方式、生长习性等进行观察描述）	芽的类型（对芽的类型进行观察描述）	品种鉴定
1			
2			
...			

※ 任务考核

树种识别考核标准参考表1-3。

表 1 3 树种识别考核标准

项目	标准	分值	得分	教师评语
茎的形态	描述正确、到位	35		
芽的形态	描述正确、到位	35		
品种鉴定	判断正确	20		
协作精神	分工合理，合作融洽	10		

※ 知识拓展

年　轮

1. 形成因素

树木伐倒后，在树墩上可以看到有许多同心圆环，植物学上称为年轮。年轮是树木在生长过程中受季节影响形成的，一年产生一轮。每年春季，气候温和，雨量充沛，树木生长很快，形成的细胞体积大、数量多、细胞壁较薄、材质疏松、颜色较浅、称为早材或春材；而在秋季，气温渐凉，雨量稀少，树木生长缓慢，形成的细胞体积小、数量少、细胞壁较厚、材质紧密、颜色较深，称为晚材或秋材。同一年的春材和秋材合称为年轮。第一年的秋材和第二年的春材之间，界限分明，成为年轮线，表明树木每年生长交替的转折点。因此，从主干基部年轮的数目，就可以了解这棵树的年龄。

2. 蕴含信息

生长在温带地区和有雨季、旱季交替的热带地区的树木年轮明显，而生长在四季气候变化不大的地区的树木则年轮不明显。在树木的年轮上，蕴含着大量的气候、天文、医学和环境等方面的历史信息。同时，在历史考古、林业研究、地质和公安破案等方面，年轮也起着重要的作用。在历史学中，常用年轮推算某些历史事件发生的具体年代。如在浩瀚的大海里，有历代沉没的大小船只，根据木船的花纹（年轮）可确定造船的树种；根据材质腐蚀状况确定沉船遇难的年代，及与该年代有关的某些历史事件。并且因为我国在北半球，日照偏南方的缘故，树木的年轮往往出现"南疏北密"的现象，因此在野外，树木的年轮也成为人们辨别方向的方式之一。

3. 气候测试

在气象学上，可通过年轮的宽窄了解各年的气候状况，利用年轮上的信息可推测出几千年来的气候变化情况。若年轮较宽表示那年光照充足，风调雨顺；年轮较窄，则表示那年温度低、雨量少，气候恶劣。如果某地气候优劣有过一定的周期性，反映在年轮上也会出现相应的宽窄周期性变化。

美国科学家根据对年轮的研究，发现美国西部草原每隔 11 年发生一次干旱，并应用这一规律正确地预报了 1976 年的大旱。中国气象工作者对祁连山区的一棵古圆柏树的年轮进行了研究，并对不同的生长阶段予以科学的订正，推算出中国近千年来的气候以寒冷为主，17世纪20年代到19世纪70年代是近千年来最长的寒冷时期，一共持续250年。

4．环境测试

在环境科学方面，年轮可以帮助人们了解污染的历史。德国科学家用光谱法对费兰肯等3个地区的树木年轮进行研究，掌握了120～160年间这些地区铅、锌、锰等金属元素的污染情况，经过对不同时代污染程度的对比，找到了环境污染的主要原因。在医学上，年轮对探讨地方病的成因有一定的作用。如在黑龙江和山东省一些克山病发病地区，发病率高的年份的树木年轮中，铂含量低于正常年份，这与目前地球化学病因的研究结果非常一致。

在森林资源调查中，依据年轮的宽窄来了解林木过去几年的生长情况，预测未来的生长动态，为制定林业规划、确定合理采伐量、采取不同的经营措施提供科学依据。

近年来，美国又将年轮引入地震的研究。他们认为，地震造成地面移动倾斜后，年轮上留下了树干力图保持笔直生长所做出努力的痕迹；又如根系横越断层或位于断裂附近的树木，由于生长受到阻碍，该年形成的年轮就比较小。依此可以了解到当时地震的时间和强度，并能揭示地震史及周期，从而可以开展地震的预测预报。

5．年轮测定

年轮记录了大自然千变万化的痕迹，是一种极珍贵的科学资料，这一点已为人们所公认。为了观察年轮，人们用一种专用的钻具，从树皮钻入树芯，然后取出一个薄片，上面就有全部的年轮。这样不用砍倒树木，就可以知道树木的年龄，从而为科学家提供了研究的材料。

日本已研制出一种观察年轮的新方法——CT扫描法。这种方法不但可用来观察树木的生长情况，而且可以对古代建筑和雕刻等木材的内部状况了如指掌。

任务三

叶形态结构认知

【技能目标】

1．能够识别叶的形态，区分单叶和复叶；

2. 能够识别叶的变态器官；

3. 会采集叶的各种标本；

4. 能够正确描述叶的形态。

【知识目标】

1. 了解叶的功能、落叶和离层；

2. 掌握叶的形态（叶的组成、叶片的形态、单叶和复叶）；

3. 掌握叶的变态器官特点。

【素质目标】

1. 能够独立制订学习计划，并按计划学习和撰写学习体会；

2. 学会检查监督管理，具有分析问题、解决问题的能力；

3. 会查阅相关资料、整理资料；

4. 具有良好的团队合作、沟通交流和语言表达能力；

5. 具有吃苦耐劳、爱岗敬业的职业精神。

【任务设置】

1. 学习任务：学习识别植物叶的形态与结构；能够通过对叶的观察来判断植物的种类。

2. 工作任务：树种识别。某公园要对园区内的园林绿化树种进行挂牌，园区的工作人员只知道植物的种类有榆叶梅、黄栌、金银木、连翘、紫叶李、金焰绣线菊、贴梗海棠、紫荆等，现邀请园林专业的学生帮忙鉴定树种并挂牌。

【相关知识】

叶着生在茎的内部，是种子植物进行光合作用和蒸腾作用的主要场所，也是鉴别植物种类的重要依据。此外，叶还具有进行气体交换、吸收矿物质元素和贮藏有机物质、繁殖新植株的功能及多种经济价值。

一、叶的组成

如图 1-18 所示，植物的叶一般由叶片、叶柄和托叶三部分组成。这三部分都具有的叶称为完全叶，如桃、月季等植物的叶。缺少其中任一部分的叶称为不完全叶，如女贞、丁香、连翘、白菜、甘薯等植物的叶无托叶；石竹、烟草、小白菜等植物的叶同时无托叶和叶柄（又称为无柄叶）；台湾相思树，叶片完全退化，叶柄扁平状，代替叶进行光合作用，称为叶状柄。

1. 叶片

绿色的扁平部分，可进行光合作用和蒸腾作用。

2. 叶柄

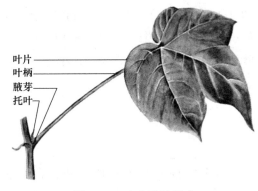

叶柄（petiole）是叶片与茎的联系部分，其上端与叶片相连，下端着生在茎上，通常叶柄位于叶片的基部，少数植物的叶柄着生于叶片中央或略偏下方，称为盾状着生，如莲、千金藤。叶柄通常呈细圆柱形、扁平形或具沟槽。主要起输导和支持叶片伸展的作用，还能扭曲生长，从而改变叶片的位置和方向，以充分接受阳光，进行光合作用。

图 1-18 完全叶的组成

不同植物，其叶柄的形状、粗细、长短都有所不同。有的叶柄长达 1m 以上，如棕榈；有的叶柄很短近乎无柄，如金丝桃；有的叶柄极粗壮，如白菜；有的叶柄细长，如牵牛；有的叶柄局部膨大成气囊，如水葫芦；有的叶柄基部形成膨大的关节，称为叶枕（pulvinus），可以调节叶片的位置和休眠运动，如含羞草；有的叶柄基部或全部扩大成鞘状，称为叶鞘（leaf sheath），如伞形科植物叶的叶鞘；有些植物的真叶退化，叶柄退化成叶状，称为叶状柄（phyllode），如金合欢属植物；有些植物的叶没有叶柄，叶片直接着生在茎上，称为无柄叶（sessile leaf）；有些无柄叶植物的叶片基部包围在茎上，称为抱茎叶（amplexicaul leaf），如苦麦菜。如果无柄叶的基部与对生无柄叶的基部彼此愈合，似被茎所贯穿，则称为穿茎叶或贯穿叶（perfoliate leaf），如元宝草。

3. 托叶

托叶是叶柄基部两侧所生的细小叶状物。托叶的形状和作用随物种不同而异，如棉花托叶为三角形；梨树托叶是线状；豌豆托叶为叶状、卵形。不同植物中托叶的功能也不同，有保护幼叶和腋芽的作用，常早落。

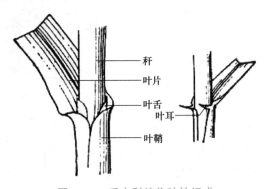

小麦、玉米、水稻等禾本科植物叶的组成与上述不同，分为叶片和叶鞘两部分，如图 1-19 所示。叶片扁平狭长呈线形或狭带形，具有纵列的平行叶脉。叶片基部扩大，围裹着茎秆，起保护茎的居间分生组织和加强茎的支持作用，这一结构叫作叶鞘。叶片和叶鞘相接处的外侧有色泽稍淡的带状结构，称为叶环，栽培学上也称为叶枕（pulvinus）。叶环具有弹性和延伸性，可

图 1-19 禾本科植物叶的组成

以调节叶片的位置。叶鞘和叶片相连接处的内侧，有一膜质向上凸出的片状结构，称

为叶舌（ligulate），它可以防止害虫、水分、病菌孢子等进入叶鞘，也能使叶片向外伸展，多接受光照。叶舌两侧有片状、爪状或毛状伸出的凸出物，称为叶耳（auricle）。叶舌和叶耳的有无、形状、大小等，可以作为鉴定禾本科植物种类或品种及识别幼苗和杂草的依据。

二、单叶和复叶

一个叶柄上所生叶片的数目，因植物不同而不同。其可分为单叶和复叶两种类型，如图1-20所示。

1. 单叶

单叶（simple leaf）是在叶柄上只着生一片叶片，叶柄的另一端着生在枝条上，叶柄与叶片间不具有关节。它是植物中最普遍的一种叶型。

2. 复叶

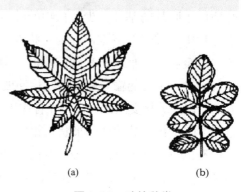

图1-20 叶的种类
（a）蓖麻（单叶）；（b）蝶豆（复叶）

复叶（compound leaf）是由两片至多片分离的小叶片（leaflet），共同着生在一个总叶柄（common petiole）或叶轴（rachis）上的叶。复叶中的每一片小叶如果具有叶柄，则称为小叶柄。小叶柄的一端着生在一片小叶上，另一端着生在总叶柄或叶轴上，而绝不会着生在枝条上，如果没有小叶柄，则小叶直接着生在叶轴或总叶柄上，只有总叶柄才着生在枝条上，如图1-21所示。复叶有以下几种类型，如图1-22所示。

（1）羽状复叶。因为小叶在叶轴的两侧排列成羽毛状，故称为羽状复叶，如图1-23所示。在羽状复叶中，如果叶轴顶端只生长一片小叶，称为奇数羽状复叶或单数羽状复叶，如槐树、月季；当叶轴顶端着生两片小叶时，称为偶数羽状复叶或双数羽状复叶，如无患子。在羽状复叶中，如果叶

图1-21 复叶的组成

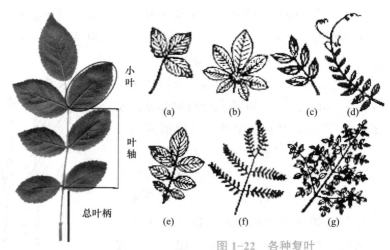

图1-22 各种复叶
（a）三出复叶；（b）掌状复叶；（c）、（d）偶数羽状复叶；（e）奇数羽状复叶；（f）二回羽状复叶；（g）三回羽状复叶

轴两侧各具有一列小叶时，称为一回羽状复叶，如槐树；如叶轴两侧有羽状排列的分枝，在分枝两侧才着生羽状排列的小叶，这种称为二回羽状复叶，如合欢；以此类推，可以有三回以至多回羽状复叶。根据上述情况，即可将槐树叶称为一回奇数羽状复叶，无患子叶称为一回偶数羽状复叶，合欢叶称为二回偶数羽状复叶。在羽状复叶中，如果其小叶大小不一、参差不齐或大小相间，则称为参差羽状复叶，如番茄、龙芽草等。

微课：单叶和复叶

图 1-23 各种羽状复叶

（a）奇数羽状复叶；（b）偶数羽状复叶；（c）一回羽状复叶；（d）二回羽状复叶

（2）掌状复叶。没有叶轴，小叶排列在总叶柄顶端的一个点上，以手掌的指状向外展开，称为掌状复叶。七叶树的掌状复叶如图 1-24 所示。羽状复叶和掌状复叶的区别，除小叶的排列方式不一样外，另一个明显区别是前者有叶轴，后者没有叶轴。

（3）三出复叶。在总叶柄顶端只着生三片小叶，称为三出复叶，如图 1-25 所示。如果三片小叶均无小叶柄或有等长的小叶柄，则称为三出掌状复叶，前者如酢浆草，后者如白车轴草；如果顶端小叶柄较长，两侧的小叶柄较短，则称为三出羽状复叶，如鸡眼草。

图 1-24 七叶树的掌状复叶

(a)　　　　　　　　　　　　(b)

图 1-25　三出复叶

（a）酢浆草的叶；（b）鸡眼草的叶

（4）单身复叶。在三出复叶中，由于侧生的两片小叶退化掉，仅留下一枚顶生的小叶，看起来似单叶，但在其叶轴顶端与顶生小叶相连处有一关节，这种特殊的复叶称为单身复叶，如橘、柚（图 1-26）。在单身复叶中，叶轴的两侧通常或大或小向外做翅状扩展。

图 1-26　柚子的叶（单身复叶）

在识别植物时，单叶和复叶是首先应用的特征。判断时，要正确判断叶轴和枝条或者总叶柄和枝条。它们差别的关键所在是叶轴或总叶柄的顶端没有芽，而小枝的顶端具有顶芽。当确定它是叶轴或总叶柄时，着生在它上面的无论有多少小叶，它都是一片复叶；当确定它是枝条时，着生在它上面的每一片叶，都是一片单叶。另外，作为复叶中的每一片小叶，其叶腋内是不会长腋芽的，腋芽只出现在叶轴或总叶柄的腋内，而作为单叶的每一片叶腋中均有腋芽。在落叶时，作为复叶，其叶轴与总叶柄会脱落；而在枝条上的单叶，当单叶脱落后，枝条一般并不随它脱落。

三、叶的形态

每种植物的叶都有一定的形状，因此，叶是识别植物种类的重要依据之一。叶的形态包括叶形、叶序、叶尖、叶基、叶缘、叶裂、叶脉等几个部分。

微课：叶序、叶形

1. 叶序

叶在茎上排列的方式称为叶序（phyllotaxy）。植物体通过一定的叶序，可以使叶片均匀地、有规律地向四面分布，使枝叶充分地照到阳光，有利于光合作用的进行。叶序的类型主要有以下几种，部分叶序如图 1-27 所示。

（1）簇生：凡是两片或两片以上的叶着生在节间极度缩短的茎上，外观似从一点上生出，称为簇生。如马尾松是两条针形叶一簇，白皮松是 3 条针形叶一簇，银杏、雪松是多枚叶片一簇。

（2）基生：叶片左右着生，排成两列，但节间极不发达，从而使叶集中在基部，恰如从根上生出，而各叶由外向内叶基部依次套抱，如鸢尾、蝴蝶花。

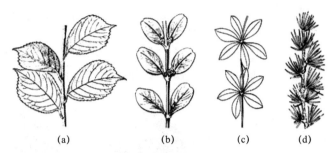

图1-27　各种叶序

（a）互生；（b）对生；（c）轮生；（d）簇生

（3）互生：凡是在茎的每一节上着生一片叶的，称为互生，如樟、向日葵。如果每一节上的叶片各自向左右两侧展开成一平面，则称为叶两列互生，如杉、香榧侧枝上的叶。

（4）对生：凡是在茎的每节上，相对着生两片叶的，称为对生，如女贞、石竹。同互生叶序一样，在对生叶序的每一节上，两片叶均左右展开成一平面，称为两列对生，如金钟花。在对生叶序中，上一节的对生叶向左右展开，下一节的对生叶向前后展开，上下两对叶呈十字形交叉，称为交互对生，如女贞。

（5）轮生：凡是在茎的每一节上，着生3片或更多片叶的，称为轮生。如夹竹桃为3叶轮生，基部为4叶轮生，七叶一枝花为5～11叶轮生。

此外，在一些草本植物中，如金盏菊、荠菜，开始只长基生叶，要开花时，地上茎才向上生长，茎上有互生的叶片，这种植物就有基生叶和茎生叶两种情况。蒲公英、车前除基生叶外，永不长茎生叶。

叶序是植物所具有比较明显并稳定的特征，是经常被用作识别植物的重要标志之一。在所有的种子植物中，多数植物具有互生叶序，这是最普遍的一种类型，少部分是对生叶序，轮生叶序更少。在各种植物中，绝大多数植物具有一种叶序，但也有植物会在同一植物体上生长两种叶序类型，如圆柏、栀子有对生和三叶轮生两种叶序；紫薇、野老鹳草有互生和对生两种叶序；最有趣的是金鱼草，在一个植株上，甚至可以看到互生、对生、轮生三种叶序。

2. 叶的质地

叶的种类不同，质地也不同。有的质地柔韧且薄如纸，称为纸质叶，如一品红、桃等；有的坚韧而较厚，似皮革，称为革质叶，如女贞、广玉兰等；有的柔软而肥厚多汁，称为肉质叶，如景天、马齿苋等。

3. 叶形

叶形是指叶片的外形。不同的植物，叶形的变化很大，即使在同一种植物的不同植株上，或同一植株的不同枝条上，叶形也不会绝对一样，多少还会有一些变化，但也不是说同一种植物的叶形是变化无常的，其变化还是在一定的范围内。常见的叶形有以下几种，见表1-4及图1-28所示。

表 1-4　叶形的基本类型

项目		长 = 或 ≈ 宽	长 > 宽 1.5 ~ 2 倍	长 > 宽 3 ~ 4 倍	长 > 宽 5 倍以上
最宽处	在近叶的基部	阔卵形（杏）	卵形（女贞）	披针形（柳桃）	条形（韭菜）
	在叶的中部	圆形（莲）	阔椭圆形（橙）	长椭圆形（茶）	剑形（菖蒲）
	在叶的先端	倒阔卵形（玉兰）	倒卵形（南蛇藤）	倒披针形（小檗）	

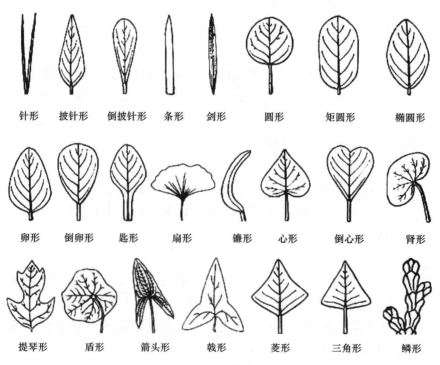

针形　披针形　倒披针形　条形　剑形　圆形　矩圆形　椭圆形

卵形　倒卵形　匙形　扇形　镰形　心形　倒心形　肾形

提琴形　盾形　箭头形　戟形　菱形　三角形　鳞形

图 1-28　叶片的形状

（1）针形：叶片细长，顶端尖细如针，横切面呈半圆形，如黑松；横切面呈三角形，如雪松。

（2）披针形：叶片长为宽的 4 ～ 5 倍，中部以下最宽，向上渐狭，如垂柳；若中部以上最宽，向下渐狭，则为倒披针形，如杨梅。

（3）矩圆形：也称为长圆形，叶片长为宽的 3 ～ 4 倍，两侧边缘略平行，如枸骨。

（4）椭圆形：叶片长为宽的 3 ～ 4 倍，最宽处在叶片中部，两侧边缘呈弧形，两端均为等圆，如桂花。

（5）卵形：叶片长约为宽的 2 倍或更少，最宽处在中部以下，向上渐狭，如女贞；如中部以上最宽，向下渐狭，则为倒卵形，如海桐。

（6）圆形：叶片长宽近相等，形如圆盘，如猕猴桃。

（7）条形：叶片长而狭，长为宽的 5 倍以上，两侧边缘近平行，如水杉。

（8）匙形：叶片狭长，上部宽而圆，向下渐狭似汤匙，如金盏菊。

（9）扇形：叶片顶部甚宽而稍圆，向下渐狭，呈张开的折扇状，如银杏。

（10）镰形：叶片狭长而稍弯曲，呈镰刀状，如南方红豆杉。

（11）肾形：叶片两端的一端外凸，另一端内凹，两侧圆钝，形同肾脏，如如意堇。

（12）心形：叶片长宽比如卵形，但基部宽而圆，且凹入，如紫荆；如顶部宽圆而凹入，则为倒心形，如酢浆草。

（13）提琴形：叶片似卵形或椭圆形，两侧明显内凹，如白英。

（14）菱形：叶片近于等边斜方形，如乌桕。

（15）三角形：叶片基部宽阔平截，两侧向顶端汇集，呈任何一种三边近相等的形态，如扛板归。

（16）鳞形：专指叶片细小呈鳞片状的叶形，如侧柏。

以上是几种较常见的叶形，除此以外还有剑形、楔形、箭头形等。

其实在各种植物中，叶形远远不止这些，也不完全长得如上述那么典型，例如，有的叶形既像卵形，又像披针形，因此，只能称它为卵状披针形；有时它既像倒披针形，又像匙形，就称它为匙状倒披针形。在观察叶形时，要注意有些植物具有异形叶的特点，就是在同一植株上，具有两种明显不一致的叶形。如薜荔，在不开花的枝上，叶片小而薄，心状卵形；在开花的枝上，叶大呈厚革质，卵状椭圆形，两者大小相差数倍，但这两种叶都可出现在同一植株上。水生植物菱也是如此，浮于水面的叶呈菱状三角形，沉在水中的叶则为羽毛状细裂，两者相差悬殊。异形叶的现象出现在同一种的不同植株上，就比较难以分辨，如柘树的雄株与雌株叶形不一，时常会被人误认为是两种植物。

4. 叶尖

叶尖（leaf opex）是指叶片远离茎秆的一端，也称为顶端、顶部、上部。常见的有以下几种类型，如图 1-29 所示。

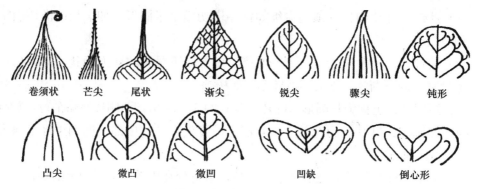

图 1-29　叶尖的形状

（1）卷须状：叶顶端变成一个螺旋状或曲折的附属物。

（2）芒尖：叶顶端突然变成一个长短不等、硬而直的钻状的尖头。

（3）尾状：叶顶端逐渐变尖，即长且细弱，形如动物尾巴。

（4）渐尖：叶顶端尖头延长，两侧有内弯的边，如菩提树的叶。

（5）锐尖：叶顶端有一锐角形，硬而锐利的尖头，两侧的边直。

（6）骤尖：叶顶端逐渐变成一个硬而长的尖头，形如鸟喙。

（7）钝形：叶顶端钝或狭圆形，如大叶黄杨的叶。

（8）凸尖：叶顶端由中脉向外延伸，形成一短而锐利的尖头。

（9）微凸：叶顶端由中脉向外延伸，形成一短凸头。

（10）微凹：叶顶端变成圆头，其中央稍凹陷，形成圆缺刻，如锦鸡儿的叶。

（11）凹缺：叶顶端形成一个宽狭不等的缺口。

（12）倒心形：叶顶端缺口的两侧呈弧形弯曲，如酢浆草的叶。

此外，还有截形、刺凸、啮断状等。

微课：叶尖、叶基

5．叶基

叶基（leaf base）是指叶片靠近茎秆的一端，也称为基部、下部。常见的有下列几种，如图 1-30 所示。

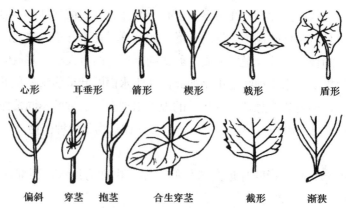

图 1-30　叶基的形状

（1）心形：基部在叶柄连接处凹入成一缺口，两侧各形成一圆形边缘，如紫荆的叶。

（2）耳垂形：基部两侧各有一耳垂形的小裂片，如苦麦菜的叶。

（3）箭形：基部两侧各有一向后并略向外的小裂片，裂片通常尖锐，如慈姑的叶。

（4）楔形：叶片中部以下向基部两侧渐变狭，形如楔子，如野山楂的叶。

（5）戟形：基部两侧各有一向外伸展的裂片，裂片通常尖锐，如打碗花的叶。

（6）盾形：叶片与叶柄相连在叶片的中央，或在边缘以内的某一点上。

（7）偏斜：基部两侧大小不均衡，如朴树的叶。

（8）穿茎：基部深凹入，两侧裂片相合生而包围着茎部，好像茎贯穿叶片，如穿叶柴胡的叶。

（9）抱茎：没有叶柄的叶，其基部两侧紧抱着茎，如抱茎金花的叶。

（10）合生穿茎：对生叶的基部两侧裂片彼此合生成一个整体，而茎恰似贯穿叶片。

（11）截形：基部平截成一条直线，好像被切去，如平基槭的叶。

（12）渐狭：基部两侧逐渐内弯变狭，与叶尖的渐尖类似。

6．叶缘

叶缘（leaf margin）即叶片上除叶尖、叶基外的边缘。叶缘的常见形态有下列几种，如图 1-31 所示。

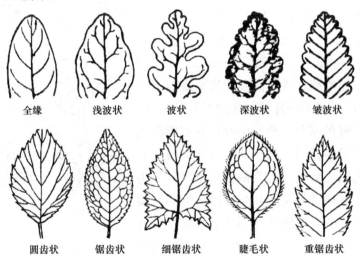

图 1-31　叶缘的形状

（1）全缘：叶缘完整无缺，光滑成一条连线，如丁香、女贞的叶。

（2）齿牙状：叶缘具有尖齿，但齿的两侧近等长，齿尖直指向外。

（3）锯齿状：叶缘有内、外角均尖锐的缺刻，缺刻的两边平直，且齿尖向前。如缺刻较小，则称为小锯齿；如齿尖有腺体，则称为腺质锯齿。

（4）重锯齿状：叶缘上锯齿的两侧又有小锯齿。

（5）圆齿状：叶缘有向外凸出的圆弧形的缺刻，两条弧线相连处形成一内凹的尖角。

（6）凹圆齿状：叶缘有向内凹陷的圆弧形缺刻，两条弧线相连处形成一外凸的尖角。

（7）波状：顺缘起伏如波浪，内、外角都呈圆钝形，如白栎的叶。

（8）睫毛状：叶缘有细毛向外伸出。

在识别植物时，在叶形、叶尖、叶基、叶缘这四者中，应该将更多的注意力放在叶缘上，因为叶缘与其他三者相比，其性状尤为稳定。如黄檀小叶片全缘，白栎叶缘波状，青冈栎叶缘 1/2 以上才有锯齿，化香小叶边缘有重锯齿等，都是极为稳定的。当然，并不是说叶缘的形态在一个种内就一成不变，少数的植物，尤其是在栽培植物中，也会有一些变化。如桂花叶缘有锐锯齿，但有些植株上的叶缘近乎全缘；杨梅叶缘是全缘，但有时也会有锯齿，类似的情况，总的来说并不多见。相比之下，叶形的变化就多一些，在同一种的不同植株上，甚至在同一植株的不同枝条上，其叶形也会有不少变化，相差很大。如垂柳叶片的形态有矩圆形、披针形、倒卵形、倒卵状长椭圆形，还有宽椭圆形等。同一种植物，具有二、三种叶形是很普通的，尤其在萌生枝条上生长的叶片，与正常枝条上的叶形往往相差很大。

7. 叶裂

植物的种类不同，其叶缘形状的差异极大。有的叶缘为全缘，有的叶缘为锯齿或细小缺刻，还有的叶缘缺刻深且大，形成叶片的分裂，即叶裂（leaf divided）。依据缺刻的深浅可将叶裂分为浅裂（lobate）、深裂（parted）和全裂（divided）三种类型。浅裂的叶片缺刻最深不超过叶片的 1/2；深裂的叶片缺刻超过叶片的 1/2，但未达中脉或叶的基部；全裂的叶片缺刻则深达中脉或叶的基部，是单叶与复叶的过渡类型，有时与复叶并无明显界限。裂片的排列形式可分为两大类，在中脉两侧呈羽毛状排列的称为羽状裂（pinnate），而裂片围绕叶基部呈手掌状排列的称为掌状裂（palmate）。一般对叶裂的描述是综合了以上两种分裂方法，如羽状浅裂、羽状深裂、掌状深裂等，如图 1-32 所示。

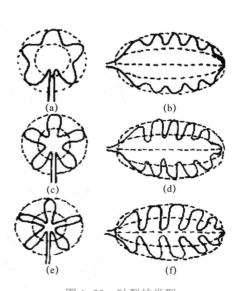

图 1-32 叶裂的类型

（a）掌状浅裂；（b）羽状浅裂；（c）掌状深裂；
（d）羽状深裂；（e）掌状全裂；（f）羽状全裂

8. 叶脉和脉序

（1）叶脉（leaf veins）：是指生长在叶片上的维管束，它们是茎中维管束的分支。这些维管束经过叶柄均匀地分布到叶片的各个部分。位于叶片中央较粗壮的一条脉叫作中脉或主脉。在中脉两侧第一次分出的脉叫作侧脉，连接各侧脉间次级脉叫作小脉或细脉。

（2）脉序（nervation）：是指叶脉在叶片上分布的形式。脉序的主要类型有三种，如图 1-33 所示。

图 1-33　各种脉序

1）网状脉：叶片上的叶脉分枝，由细脉互相连接形成网状，称为网状脉；若主脉明显，侧脉羽状排列，并几达叶缘，则称为羽状网脉，如女贞、垂柳；若由主脉的基部同时产生多条与主脉近似粗细的侧脉，其间再由细脉形成网状，就称为掌状网脉，如麻、八角金盘等；若从主脉基部两侧只产生一对侧脉，且这一对侧脉明显比其他侧脉发达，这种称为三出脉，如山麻杆、朴树等；当三出脉中的一对侧脉不是从叶片基部生出，而是离开基部一段距离才生出时，则称为离基三出脉，如樟。由于三出脉、离基三出脉中的细脉都形成网状，所以它们都属于网状脉类型。

2）平行脉：叶片上的中脉与侧脉、细脉均平行排列或侧脉与中脉近乎垂直，而侧脉之间近于平行，这些统称为平行脉。如果所有叶脉都从叶基发出，彼此平行直达叶尖，细脉也平行或近于平行生长，这种则称为直出平行脉，如麦冬、莎草等；如果所有叶脉都从叶片基部生出，则彼此之间的距离逐步增大，稍做弧状，最后距离又缩小，在叶尖汇合，这种则称为弧形平行脉，如紫萼、玉簪等；如果所有叶脉均从叶片基部生出，以辐射状态向四面伸展，这种则称为射出平行脉，如棕榈；如果侧脉垂直或近于垂直主脉，侧脉之间彼此平行直达叶缘，这种则称为侧出平行脉，如芭蕉、美人蕉等。

3）叉状脉：叶片上的叶脉无中脉、侧脉之分。叶脉从叶基生出后，均呈两叉状分枝，特称为叉状脉。这种脉序形式在种子植物中极少见，仅在银杏中出现。

羽状脉、平行脉这两大脉序类型，对于识别植物具有重要意义，因为所有种子植物，除银杏属于叉状叶脉外，不是网状脉就是平行脉，网状脉是多数双子叶植物所具有的特征，平行脉则是多数单子叶植物所具有的特征，除个别有例外，其他都如此。

脉序的形式，在植物体的各种性状中，属比较保守的性状，几乎不受环境或其他因素的影响而改变，而且在一个大类群的成员中，其脉序的细微特征也相当一致。因此，在识别植物时，脉序是一个很有价值的表征依据。如侧脉与主脉的夹角大小、侧脉的数目、侧脉是否直达叶缘、或伸出叶缘之外、或未达叶缘即变曲、末端是否相互连接、叶脉在叶面上是凸起还是下陷、是主脉凸起侧脉下陷还是侧脉凸起主脉下陷、或全部凸起、或全部下陷、叶片背面的情况如何等。

四、叶的变态

叶是高等植物茎节上产生的侧生营养器官，其主要功能是光合作用和蒸腾作用。但是，由于生长环境和生长部位的不同，植物叶的功能也发生了相应的变化。功能变化的同时，叶的形态也发生了改变，从而出现了形形色色的变态叶。叶的变态主要有以下几种类型。

1. 苞片和总苞

生在花下面的变态叶，称为苞片。苞片一般较小，绿色，也有大形呈各种颜色的。苞片数多而聚生在花序外围的，称为总苞。苞片和总苞有保护花芽或果实的作用，如苍耳、菊科植物的总苞，如图 1–34 所示。

图 1–34　向日葵的苞片

2. 鳞叶

鳞叶的功能特化或退化成鳞片状。其中，芽鳞有保护芽的作用，生于木本植物的鳞芽外，通常为褐色，具有茸毛或黏液；肉质鳞叶出现在鳞茎上，贮藏有丰富的养料，如洋葱、百合的鳞茎周围着生许多肉质鳞片，就是鳞叶，贮藏丰富养料，可食用；膜质鳞叶呈褐色干膜状，是退化的叶。

微课：叶的变态

3. 叶刺

叶刺是叶或叶的一部分（如托叶）变成刺状。叶刺中有芽，以后发展成短枝，枝上有正常的叶。叶刺具有保护功能。如小檗长枝上的叶刺，洋槐的托叶变成的刺。

4. 叶卷须

叶卷须是由叶的一部分变成卷须状，有攀缘的作用，如豌豆顶端的 2～3 对小叶变为卷须，如图 1–35 所示。叶卷须与茎卷须的区别在于叶卷须与枝条之间的腋内具有芽，而茎卷须的腋内无芽。

图 1–35　豌豆的叶卷须

叶卷须常由复叶的叶轴、叶柄或托叶转变而成。

5. 叶状柄

叶状柄是叶柄转变成扁平的片状，并行使叶的功能，如含有叶绿素，能进行光合作用，具有发达的气孔，也可进行蒸腾作用。我国南方的台湾相思树在幼苗时叶子为羽状复叶，长大后小叶片逐渐退化，只剩下叶片状的叶柄代替叶的功能。

6. 捕虫叶

捕虫叶是能捕食小虫的变态叶。如狸藻的捕虫叶呈囊状，每囊有一开口，开口有一活瓣保护，活瓣外表面生有硬毛。小虫触及硬毛时，活瓣开启，小虫随水流入囊内，活瓣又关闭。囊壁上的腺体分泌消化液将小虫消化，并经囊壁吸收。茅膏菜的捕虫叶呈盘状或半月形，边缘长有密密层层的腺毛，用来引诱捕捉小虫，如图 1-36 所示。猪笼草的捕虫叶呈瓶状，如图 1-37 所示，瓶的下部有水样消化液，瓶的内壁光滑，有倒生的刺毛，瓶口有倒刺及内卷结构，外有一极滑的瓶盖，并有蜜腺分布。当虫子为蜜所引，爬至瓶口，不小心就会滑进瓶内，被消化吸收。

图 1-36　茅膏菜的捕虫叶　　　　　图 1-37　猪笼草的捕虫叶

※ 任务实施

（1）学生分组：4～6 人/组。

（2）任务用品：树木志、检索表等工具书。

（3）任务步骤：

1）将××公园的园林植物进行编号；

2）对××公园的园林植物进行观察，填写表 1-5；

3）查阅工具书及参考资料，对园林植物进行鉴定。

表 1-5　园林植物观察记录

编号	叶的组成	单复叶	叶序	叶形	叶尖	叶基	叶缘	叶裂	叶脉（脉序）	品种鉴定
1										
2										
...										

※ 任务考核

树种识别考核标准参考表 1-6。

表 1-6　树种识别考核标准

项目	标准	分值	得分	教师评语
叶的形态	描述正确、到位	70		
品种鉴定	判断正确	20		
协作精神	分工合理，合作融洽	10		

※ 知识拓展

环境对叶形态结构的影响

1. 叶的形态结构与环境的关系

叶的形态结构不仅与其生理机能相适应，而且与它所处的环境条件是相适应的。长期生活在干旱缺水条件下的旱生植物，其叶具备适应干旱的结构。一种类型是叶片小而厚，角质层发达，表皮上有蜡被或表皮毛，有下皮层，气孔下陷，栅栏组织层数多，海绵组织和细胞间隙不发达，叶肉细胞壁内褶，机械组织发达，叶脉分布密。结构上的这些特点，可以显著地减少植物体内水分的丢失，使这类植物能在干旱的环境中生存，如夹竹桃、松树等。另一种类型是叶片肥厚，具有发达的贮水组织，细胞液浓度高，具有很强的保水能力，如景天、龙舌兰、半枝莲、芦荟等肉质植物。此外，还有些植物的叶片退化成刺，茎肥厚多汁，如仙人掌科植物。

长期生活在潮湿多水环境中的湿生植物，叶片常常大而薄，表皮上无角质层或角质层不发达，一般也无蜡被和毛状物，无栅栏组织，海绵组织发达，细胞间隙大，叶脉和机械组织不发达等。

光照强弱对叶的结构影响也很大。阳性植物，如松、桃、刺槐等，只有在充足的阳光下才能生长良好，它们的叶在外形和结构上常倾向于旱生植物类型；而阴性植物，如酢浆草、山毛榉等，则适应在较弱的光照条件下生长，它们的叶倾向于湿生植物类型。

生长在不同环境条件下的同种植物，叶的结构也会发生变化。如果植物生长在庇荫、潮湿的环境中，叶面积通常大而薄，角质层和表皮毛也减少；生长在光照强和干旱的环境中则相反。甚至同一株植物的叶片，由于着生位置和受光程度不同，叶的结构也有所不同，通常上部叶接近旱生类型，下部叶接近湿生类型。

2．叶的生存期与落叶

叶的生存期的长短，各种植物是不同的。一般植物的叶生存期约几个月，但也有些植物，它们的叶能生活一年或多年，如女贞叶是 1～3 年，松叶是 2～5 年。这些植物植株上虽然有部分老叶脱落，但仍有大量叶存在，同时，每年又增生许多新叶，因此，植株是常绿的，故称为常绿树。落叶前叶柄基部有一部分细胞恢复分裂能力，产生几层小型的薄壁细胞，这一结构叫作离层（abscission layer），离区产生不久，离层细胞开始黏液化、细胞彼此近乎呈游离状态，在其自身重量及外力的作用下，叶从离层处脱落。叶脱落后在茎上留下的疤痕称为叶痕。叶脱落后，叶痕处的细胞很快栓化形成保护层。

项目二 园林植物的生殖器官

项目导入

种子萌发后，植物首先进行根、茎、叶等营养器官的营养生长过程，然后在外部环境因子和内部发育信号的共同作用下，茎尖的顶端分生组织逐渐形成花原基和花序原基，分化为花和花序，于是拉开了生殖生长过程的序幕。花、果实和种子与植物有性生殖有关，所以也称为生殖器官。生殖器官比营养器官在植物一生中出现得晚，生存的时间比较短，受环境的影响比较小，形态结构也比较稳定，变异小，可以较准确地反映出植物物种间的进化、亲缘关系，因此，在被子植物中，生殖器官往往作为分类的重要依据。

任务一

▪ 花形态结构认知 ▪

【技能目标】

1. 能够正确描述花的形态特征；
2. 能够识别花的各部分、雄蕊群、子房着生位置、花序类型；
3. 会采集各种花（序）标本。

【知识目标】

1. 了解植物开花、传粉与受精过程；
2. 掌握花的组成及各部分的名称；
3. 理解雄蕊、雌蕊的结构；
4. 理解禾本科植物花的结构；
5. 掌握常见的花及花序的类型。

【素质目标】

1. 能够独立制订学习计划，并按计划实施学习和撰写学习体会；
2. 学会检查监督管理，具有分析问题、解决问题的能力；
3. 会查阅相关资料、整理资料；
4. 具有良好的团队合作、沟通交流和语言表达能力；
5. 具有吃苦耐劳、爱岗敬业的职业精神。

【任务设置】

1. 学习任务：学习识别花的形态结构和花序类型。
2. 工作任务：观花树种调查。对某校园及所在市区内观花植物树种进行调查，为日后的绿化提供第一手资料。

【相关知识】

从演化上看，花是变态的枝条。是不分枝的变态短枝，节间缩短，其上着生变态叶的以适应生殖变态的短枝。花可以发育成果实和种子，因此，花是果实和种子的先导。

🌸 一、花的组成

一朵完整的花包括六个部分，即花柄、花托、花萼、花冠、雄蕊群和雌蕊群，如图 2-1 所示。在一朵花中，具备以上所有部分的花，称为完全花，如桃、梅、茶等。缺少其中一部分或几部分的花，称为不完全花。不完全花有多种类型，如缺少花萼与花冠的称为无被花；缺少花萼或缺少花冠的称为单被花；缺少雄蕊或缺少雌蕊的称为单性花；雌蕊和雄蕊都缺少的称为无性花。在单性花中，仅有雄蕊的称为雄花；仅有雌蕊的称为雌花；雌雄花生在同一植株上的称为雌雄同株，如核桃、乌桕、油桐及桦木科、葫芦科、山毛榉科植物；雌雄花分别生在两个不同植株上的称为雌雄异株，如杨、柳、桑、棕榈等。有些植物，在同一植株上既有两性花也有单性花，称为杂性同株，如朴树、漆树、荔枝、无患子等。

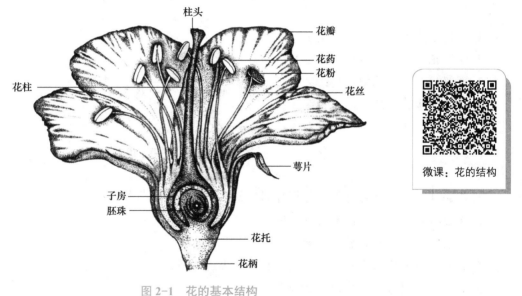

图 2-1　花的基本结构

（一）花柄和花托

1. 花柄

花柄（pedicel）或称为花梗，是着生花的小枝，与茎相连，结构与茎相同，可以把花展布在枝条的显著位置上。花谢后发育为果柄。花柄的长、短及分枝因植物而异，有的植物的花甚至无花柄。

2. 花托

花托（receptacle）是花柄顶端膨大的部分，花的花萼、花冠、雄蕊、雌蕊各部分，依次由外至内成轮状排列着生于花托上。花托的形状随植物种类而异，如图2-2所示。例如，玉兰、木兰的花托突出如圆柱状；草莓的花托突出如覆碗状；珍珠梅、桃、蔷薇等蔷薇科植物的花托中央部分向下凹陷并与花被、花丝的下部愈合，形成盘状、杯状或壶状的结构，称为被丝托或托杯（hypanthium，以前称为萼筒）；莲的花托膨大呈倒圆锥形；有的花托在雌蕊群基部向上延伸成为柄状，称为雌蕊柄，如落花生的雌蕊柄在花完成受精作用后迅速延伸，将先端的子房插入土中，形成果实，所以也称为子房柄；花托延伸成为雌雄蕊柄；西番莲、苹婆属等植物的花托，在花冠以内的部分延伸成柄，称为雌雄蕊柄或两蕊柄；花托延伸成为花冠柄；也有花托在花萼以内的部分伸长成花冠柄，如剪秋罗等某些石竹科植物。

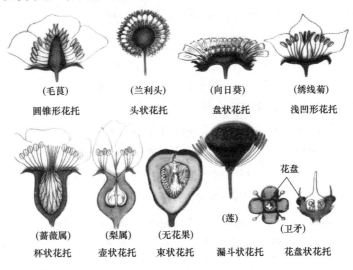

（毛茛）　　　　（兰利头）　　　（向日葵）　　　（绣线菊）

圆锥形花托　　　头状花托　　　盘状花托　　　浅凹形花托

（蔷薇属）　　（梨属）　　（无花果）　　（莲）　　（卫矛）

杯状花托　　壶状花托　　束状花托　　漏斗状花托　　花盘状花托

图2-2　不同形状的花托

（二）花被

花被为花萼（calyx）和花冠（corolla）的总称，是着生在花托的外围或边缘部分，均由扁平状瓣片组成，主要起保护作用。花被通常分为两轮，外侧的为花萼，内侧的为花冠。

1. 花萼

花萼是一朵花中所有萼片（sepal）的总称，通常是花的最外层。一朵花的萼片数目往往因科、属不同而异。萼片多为绿色，呈叶片状，是一种变态叶。有的植物花萼大且具有彩色，有利于昆虫传粉，如铁线莲；有的植物花萼之外还有一轮绿色瓣片，叫作副萼，如棉。一朵花的萼片各自分离，称为离萼，如白菜花；彼此联合的称为合萼，如丁香花。合生花萼的萼片彼此联合，其联合程度可有不同。合生花萼下端结合部分称为萼筒，上端分离部分称为萼齿或萼裂片，如豌豆的花萼。通常，在花开放后萼片脱落，但有些植物花开过后萼片不脱落，直至果实成熟，称为宿存萼，如番茄、柿、茄等。宿存萼有保护幼果的功能。蒲公英的萼片变成毛状，叫作冠毛，有助于果实和种子的散布。有的植物花萼的一边引伸成短小的管状凸起，叫作花距，如凤仙花、旱金莲等植物的花就有花距。

此外，花萼呈花瓣状多见于单被花，缺花冠，萼片大，并有一定颜色，类似花瓣，如绣球花的花萼；花萼呈冠毛状或钩刺状。观察蒲公英的果实，其上端的冠毛由萼片随果实的成熟发育而成，可带着种子随风飘飞。鬼针草的萼片成钩刺状，可附于动物身体上，借以传播种子。

2. 花冠

微课：花冠

花冠位于花萼的内侧，由花瓣组成，对花蕊有保护作用。花瓣细胞内常含有花青素或有色体，因而具有各种美丽的色彩，有些还具有分泌组织，能分泌挥发油类，放出特殊香气，用以引诱昆虫传播花粉。

（1）花冠的形态。

1）根据对称类型不同分为以下三种：

①辐射对称花（整齐花）：一朵花的几个花瓣相互同形，这种花通过中心时，可以有几个对称面，如桃花、牵牛花。

②两侧对称花（不整齐花）：一朵花的几个花瓣相互不同形，这种花通过中心时，只有一个对称面，如豆类和鼠尾草属（丹参）的花。

③不对称花：这种花一个对称面也没有，也是一种不整齐花，如美人蕉花。

2）根据花瓣之间的关系分为以下两种：

①离瓣花：花瓣之间完全分离，如桃、油菜。

②合瓣花：花瓣之间部分或全部合生，如南瓜、百合。

（2）花冠的类型（图 2-3）。

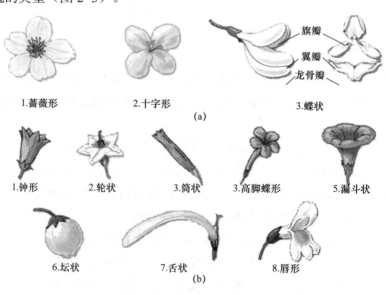

图 2-3　花冠的类型

（a）离瓣花冠；（b）合瓣花冠

1）十字形花冠（cruciate corolla）：萝卜、白菜、二月兰等十字花科植物的花均具有典型的十字形花冠。其特点是花瓣4片，离生，每一花瓣下部细长成瓣爪，四片花瓣做十字形排列，如图2-4所示。

图2-4 十字形花冠

2）蝶形花冠（papilionaceous corolla）：在豆科植物中最为常见。豌豆、大豆、甘草、紫藤、槐等植物均具有蝶形花冠。其花冠有五个离生的花瓣，花瓣形态各不相同。如豌豆花，其最外面的一片大花瓣称为旗瓣，两侧为一对翼瓣，中间两片稍有联合，呈一龙骨状凸起，称为龙骨瓣。5片花瓣相互配合，组成美丽的蝶形花冠，如图2-5所示。

图2-5 蝶形花冠

（a）蝶形花；（b）假蝶形花

3）唇形花冠（labiate corolla）：药用植物益母草、薄荷及花坛中常见的一串红等植物均具有唇形花冠。其花冠由五个花瓣合生而成。花冠基部联合成筒状，上部分离成为不整齐的两个裂片，形似上、下唇，分别称为上唇和下唇。一般上唇二裂，下唇三裂，有时上、下唇裂口不明显，如图2-6所示。

4）漏斗状花冠（funnelform corolla）：在庭园的篱笆上及道旁的具有缠绕茎且开白色、粉红色或蓝紫色花的牵牛、打碗花等植物的花均具有漏斗状花冠。花瓣一般为5片，全部联合成一长的花冠筒，花冠筒自基部向上逐渐扩大成漏斗状，如图2-7所示。

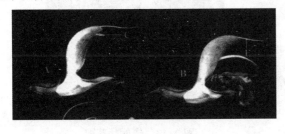

图2-6 唇形花冠　　　　图2-7 漏斗状花冠

5）钟形花冠（campanulate corolla）：与漏斗状花冠相似，花瓣一般为5片，合生成一花冠筒。不同的是，钟形花冠的花冠筒较短而粗，上部稍扩大，呈钟形。桔梗科的沙参、桔梗等植物均具有钟形花冠，如图 2-8 所示。

6）高脚碟状花冠（hypocrateriform corolla）：高脚碟状花冠也由 5 个花瓣合生而成，花冠下部联合成细筒状，其上部骤然呈水平状展开，形状如一高脚碟子。气味幽雅的水仙花和具有缠绕茎并开有美丽小红花的茑萝等植物的花冠都是高脚碟状花冠，如图 2-9 所示。

图 2-8　钟形花冠

7）管状花冠（tubular corolla）：花瓣 5 片，合生成管状，上部无明显扩大。菊科植物向日葵、菊花等头状花序的中央部分为管状花，小蓟的头状花序中全部着生管状花，如图 2-10 所示。

8）舌状花冠（ligulate corolla）：花瓣 5 片，合生。花冠仅基部少部分联合成管状，稍往上则靠一侧联合成一扁平舌片状，舌状片顶端做齿裂。如菊科植物中蒲公英、苦麦菜等的头状花序中全部为舌状花。向日葵头状花序的边缘花也为舌状花，如图 2-11 所示。

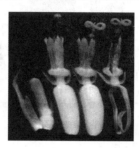

图 2-9　高脚碟状花冠　　　图 2-10　管状花冠　　　图 2-11　舌状花冠

9）坛状花冠（urceolate corolla）：花冠筒膨大成卵形，上部收缩成一短颈，然后短小的冠裂片向四周辐射状伸展，如柿树、乌饭树等，如图 2-12 所示。

10）辐射状花冠（rotate corolla）：茄科植物（如茄、枸杞等）具有辐射状花冠。5 片花瓣仅基部联合，形成一短粗的花冠筒，花瓣的中上部仍保持分离，裂片自中下部向四周做辐射状扩展，使花冠呈车轮状，称为辐射状花冠，如图 2-13 所示。

图 2-12　坛状花冠　　　　　图 2-13　辐射状花冠

3. 花瓣的排列方式

组成花冠的花瓣的数目常随植物种类的不同而不同，花瓣间的排列方式也因种类而异，一般在花蕾初放时较为明显，常作为分类的依据。常见花瓣间的排列方式有镊合状、旋转状和覆瓦状等类型，如图 2-14 所示。

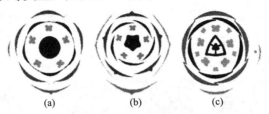

图 2-14　花瓣的排列方式

（a）镊合状；（b）旋转状；（c）覆瓦状

（1）镊合状（valve）：花瓣边缘相互接触，但不覆盖，如茄、西红柿等。若花瓣边缘向内弯，则为向内镊合状；若花瓣边缘向外弯，则为向外镊合状。

（2）旋转状（convolute）：是指花瓣边缘相互被压，如夹竹桃、棉花等。

（3）覆瓦状（imbricate）：与旋转状相似，只是花瓣中有一片或两片完全包被在外，一片完全包被在内，如蚕豆、油菜等。

（三）雄蕊群

雄蕊群是一朵花中所有雄蕊（stamen）的总称。数目不定，随不同植物而异。雄蕊包括花药（anther）和花丝（filament）两部分。花丝细长，基部常着生于花托上或插生于花冠基部与花冠愈合，顶端与花药相连，起支持和伸展花药的作用。花药是花丝顶端膨大的囊状结构，内有花粉粒。

1. 雄蕊的类型

在雄蕊群中，雄蕊数目的多少、长短、花丝、花药间分离、联合的差异决定了雄蕊的类型变化多样。根据花丝和花药的离合与否，以及花丝长短的不同，雄蕊分为不同的类型，常见的有以下几种，如图 2-15 所示。

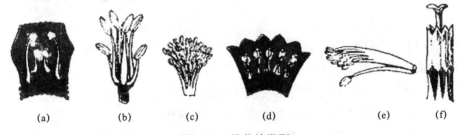

图 2-15　雄蕊的类型

（a）二强雄蕊；（b）四强雄蕊；（c）单体雄蕊；（d）冠生雄蕊；（e）两体雄蕊；（f）聚药雄蕊

（1）离生雄蕊（distinct stamen）：一朵花中雄蕊的花丝、花药全部分离，如桃、梨。

（2）单体雄蕊（monadelphous stamen）：一朵花中雄蕊为多数，其花丝部分联合，而花药仍各自分离，如锦葵科扶桑（图2-16）、蜀葵等植物的雄蕊。

（3）两体雄蕊（diadelphous stamen）：一朵花中雄蕊10个，9个花丝相互联合而花药分离，另一雄蕊单生，如刺槐、大豆等多数豆科植物均具有两体雄蕊（图2-17）。

（4）多体雄蕊（polyadelphous stamen）：一朵花中雄蕊为多数，花丝基部联合成多束，上部分离，如金丝桃（图2-18）、蓖麻等植物的雄蕊。

图2-16　扶桑的单体雄蕊　图2-17　豆科植物的两体雄蕊　图2-18　金丝桃的多体雄蕊

（5）聚药雄蕊（syngensious stamen）：一朵花中雄蕊为多数，花丝各自分离，花药相互联合在一起，形成聚药雄蕊，如菊科植物向日葵（图2-19）、蒲公英等的雄蕊。

（6）四强雄蕊（tetradynamous stamen）：一朵花中雄蕊6个，其中4个雄蕊的花丝较长，另2个的花丝较短，如白菜、萝卜、二月兰等十字花科植物的雄蕊（图2-20）。

（7）二强雄蕊（Didynamous stamen）：一朵花中雄蕊4个，其中2个雄蕊的花丝较长，另2个的花丝较短，如益母草、夏至草等唇形科植物的雄蕊（图2-21）。

图2-19　向日葵的聚药雄蕊　图2-20　四强雄蕊　图2-21　掌叶黄钟木的二强雄蕊

2. 花药在花丝上的着生方式

花药在花丝上的着生方式主要有以下几种类型，如图2-22所示。

（1）全着药：花药全部着生于花丝上，如莲。

（2）基着药：花丝顶端直接与花药基部相连，如莎草、小檗。

（3）背着药：花药背部全部贴着在花丝上，如油桐。

（4）丁字着药：花丝顶端与花药背面的一点相连，整个雄蕊犹如丁字形，易于摇动，如小麦、水稻。

（5）个字着药：药室基部张开，上面着生于花丝顶上，在十字花科植物中较常见，如荠菜。

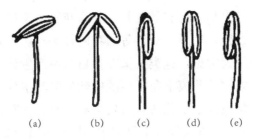

图 2-22　花药在花丝上的着生方式

（a）丁字着药；（b）个字着药；（c）全着药；（d）基着药；（e）背着药

（四）雌蕊群

雌蕊群是一朵花内所有雌蕊（pistil）的总称，但多数只有一个。雌蕊由 1 个或多个心皮（变态叶）组成。心皮卷合成雌蕊后，其边缘（叶缘）愈合处称为腹缝线，相对于中脉处称为背缝线，如图 2-23 所示。

雌蕊由柱头（stigma）、花柱（style）和子房（ovary）三部分组成。

柱头：雌蕊顶端，常扩展成各种形状，分泌水、脂、糖、酶等。

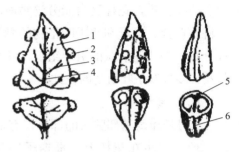

图 2-23　心皮形成雌蕊过程示意

1—心皮；2—胚珠；3—心皮的侧脉；
4—心皮的背脉；5—背缝线；6—腹缝线

花柱：柱头与子房之间的部位，长短不一，花粉萌发后，在内形成花粉管直达子房。

子房：基部膨大的部分。

1. 雌蕊的类型

雌蕊根据心皮的数目和离合情况可分为三种不同类型。

（1）单雌蕊：一朵花中雌蕊只由一个心皮构成，如大豆、蚕豆。单雌蕊的子房，仅心皮边缘连合成一室，称为单室单子房。

（2）离生雌蕊：一朵花由两个以上的心皮构成，但各心皮彼此分离，因而各雌蕊也彼此分离，形成一朵花内有多数雌蕊，如玉米、莲。

（3）复雌蕊（合生雌蕊）：一朵花由两个以上的心皮构成，且各心皮互相联合，组成一个雌蕊。复雌蕊的子房，各心皮边缘向内卷入，在中心联合，使得室数与心皮数相等，称为单室复子房，如棉、番茄等。此外，还有几种联合情况：子房联合，柱头和花柱分离；子房与花柱联合，柱头分离；子房、花柱和柱头全部联合。

2. 柱头

柱头位于雌蕊的顶端，是接受花粉的部位，柱头成熟时为花粉萌发提供必要的物质与识别信号，一般膨大或扩展成各种形状。柱头的表皮细胞有延伸成乳头、短毛或长形分枝茸毛。当传粉时，有的柱头表面湿润，表皮细胞分泌水分、糖类、脂类、酚类、激素、酶等物质，可以黏住更多的花粉，并为花粉萌发提供必要的基质，这类柱头称为湿柱头，烟草、百合、苹果、豆科等植物的柱头均属于此类型。也有的柱头是干燥的，在被子植物中较为常见，这类柱头在传粉时不产生分泌物，但柱头表面存在亲水性的蛋白质薄膜，能够从薄膜下角质层的中断处吸收水分，所以，在生理上这层薄膜与湿柱头的分泌物相似，十字花科、石竹科和凤梨、蓖麻、月季等植物的柱头是干柱头，水稻、小麦、大麦、玉米等禾本科植物的柱头也属于此类型。

3. 花柱

花柱是柱头和子房的连接部分，是花粉管进入子房的通道。它能为花粉管的生长提供营养和某些趋化物质。花柱可分为开放型和闭合型两种：开放型花柱的中央具有中空的花柱道，花柱道内能分泌黏液，花粉管沿着黏液向子房生长，如单子叶植物百合科的百合、贝母和双子叶植物的罂粟科、豆科植物等；闭合型花柱是实心的，中央常分布一些代谢活跃的引导组织，花粉管沿着引导组织向子房生长，如棉、番茄、烟草及大多数双子叶植物的花柱等。

4. 子房

子房是雌蕊基部膨大的部分，有柄或无柄，着生在花托上，根据子房与花托连生的情况及花其他各部分生长的位置，分为下列几种类型，如图 2-24 所示。

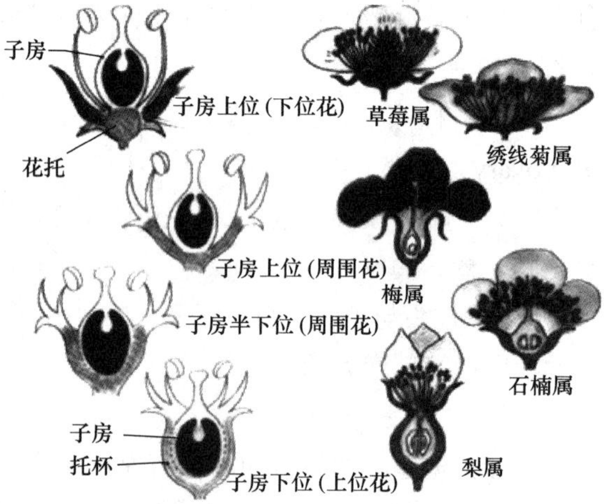

（1）子房上位（花下位）：子房仅底层与花托相连，花托不凹入。花萼、花瓣、雄蕊生于子房基部的花托上，如茶、紫藤等。

（2）子房上位（花周位）：有些子房上位的花托凹入呈杯状，花萼、花瓣、雄蕊生于杯状花托的边缘，子房生于杯状花托的底部，称为子房上位周位花，如桃、李等。

图 2-24 子房的类型

（3）子房半下位（花周位）：花托凹入呈杯状，子房的下半部埋在花托中并与花托愈合，上半部露出，如桉树、忍冬、牛鼻栓等。

（4）子房下位（花上位）：花托凹入呈壶状，整个子房埋在壶状花托中并与花托愈合，花的其他部分着生于壶状花托口的边缘，如梨、苹果、黄瓜等。

二、禾本科植物的花

禾本科植物的花与一般双子叶植物的花不同，现以小麦的花为例进行说明，如

图 2-25 所示。整个麦穗是小麦的花序。麦穗有一根主轴，周围生出许多小穗，每一个小穗基部有 2 片坚硬的颖片（glume），颖片内生有几朵小花，其中，基部的 2～3 朵是以后能正常发育结实的，而上部的几朵往往发育不完全，不能结实，称为不育花。每一朵小花的外面有 2 片鳞片状薄片包住，称为稃片，

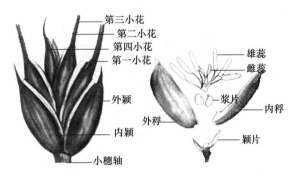

图 2-25　小麦的花

外边的一片称为外稃（Lemma），是花基部的苞片，里面一片称为内稃（palea）。有的小麦品种，外稃的中脉明显而延长成芒（awn）。内稃里面有 2 片小形囊状凸起，称为浆片（lodicule），内稃和浆片由花被退化而成。开花时，浆片吸水膨胀，使内、外稃撑开，露出花药和柱头。小麦的雄蕊有 3 个，花丝细长，花药较大，成熟开花时，常悬垂花外。雌蕊 1 个，有 2 条羽毛状柱头承受飘来的花粉，花柱并不显著，子房 1 室。不育花只有内、外稃，雌、雄蕊却并不存在。

三、花序的识别

被子植物的花，有的是单独一朵生在茎枝顶上或叶腋部位，称为单顶花或单生花，如玉兰、牡丹、芍药、莲、桃等。但大多数植物的花，密集或稀疏地按一定排列顺序着生在特殊的总花柄上。花在总花柄上有规律的排列，称为花序（inflorescence）。花序的总花柄或主轴称为花轴，也称为花序轴（rachis）。花序轴下面没有着生花，也没有叶的部分，称为花序梗。

花序下部的叶有退化的，也有特大而具有颜色的。花柄及花轴基部生有苞片（bract），有的花序的苞片密集一起，组成总苞，如菊科植物中蒲公英等的花序有这样的结构。有的苞片转变为特殊形态，如禾本科植物小穗基部的颖片。

根据花序轴的特性、花在花序轴上的开花顺序等差异，花序可分为无限花序和有限花序两大类。

（一）无限花序

无限花序也称为总状类花序（indeterminate inflorescence）。花序的主轴在开花期间，可以不断向上伸长，开花顺序是花序下部的花先开，渐渐往上开，或边缘花先开，中央花后开。其中，根据花柄、花托等的不同又可分为以下几种，如图 2-26 所示。

微课：花序之
无限花序

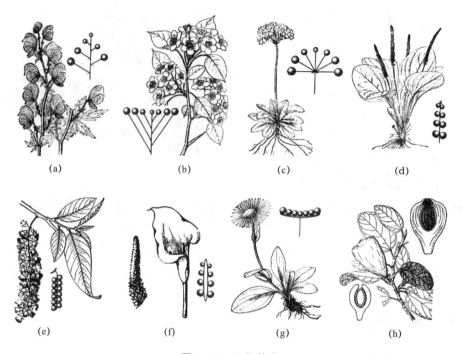

图 2-26　无限花序

（a）总状花序；（b）伞房花序；（c）伞形花序；（d）穗状花序；
（e）柔荑花序；（f）肉穗花序；（g）头状花序；（h）隐头花序

（1）总状花序（raceme）：花序轴长，不分枝，花柄等长，两性花，如油菜、大豆、青菜（图 2-27）等的花序。

（2）圆锥花序（panicle）：花序轴总状分枝，每一分枝成一总状花序，整个花序略呈圆锥形，又称为复总状花序（compound raceme），如水稻（图 2-28）、葡萄等的花序。

（3）穗状花序（spike）：花序轴长，不分枝，无花柄，两性花，如车前草（图 2-29）等的花序。

图 2-27　青菜的总状花序

（4）复穗状花序（compound spike）：复穗状花序的花序轴上的每一分枝为一穗状花序，整体构成复穗状花序，如大麦、小麦（图 2-30）等的花序。

（5）肉穗花序（spadix）：花序轴肉质肥厚，无花柄，单性花，花序外具有总苞，称为佛焰苞，因而也称为佛焰花序，如芋、马蹄莲（图 2-31）的花序和玉米的雌花序属此类。

图 2-28 水稻的圆锥花序   图 2-29 车前草的穗状花序

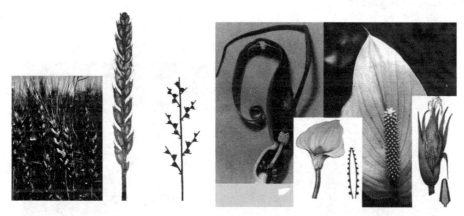

图 2-30 小麦的复穗状花序   图 2-31 马蹄莲的肉穗花序

（6）柔荑花序（catkin）：花序轴长而细软，常下垂（有少数直立），无花柄，单性花。花缺少花冠或花被，开花后或结果后整个花序脱落，如柳、杨、胡桃（图 2-32）的雄花序。

（7）伞房花序（corymb）：花序轴较短，其上着生许多花梗长短不一的两性花。下部花的花梗长，上部花的花梗短，整个花序的花几乎排成一平面，如梨、苹果、樱花（图 2-33）的花序。

（8）伞形花序（umbel）：花序轴缩短，花梗几乎等长，聚生在花轴的顶端，呈伞形状，如韭菜及五加科等植物的花序（图 2-34）。

图 2-32 胡桃的柔荑花序

图 2-33　樱花的伞房花序

图 2-34　伞形花序

（9）复伞房花序（compound corymb）：花序轴上每个分枝（花序梗）为一伞房花序，如石楠、光叶绣线菊的花序。

（10）复伞形花序（compound umbel）：许多小伞形花序又呈伞形排列，基部常有总苞，如胡萝卜、芹菜等伞形科植物的花序（图 2-35）。

图 2-35　复伞形花序

（11）头状花序（capitulum）：花序轴缩短膨大为球形、半球形或盘状，密生许多无柄的花，如三叶草、紫云英、向日葵（图 2-36）等的花序。

（12）隐头花序（hypanthium）：花序轴顶端膨大，中央部分凹陷呈囊状。内壁着生单性花，花序轴顶端有一孔，与外界相通，为虫媒传粉的通路，如无花果（图 2-37）等桑科榕属植物的花序。

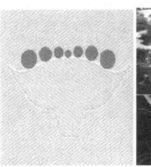

图 2-36　头状花序

无花果

雄花

雌花

图 2-37　隐头花序

（二）有限花序

微课：花序之
有限花序

有限花序（definite inflorescence）也称为聚伞类花序（determinate inflorescence），其花序轴为合轴分枝，因此，花序顶端或中间的花先开，渐渐外面或下面的花开放，或逐级向上开放。聚伞类花序根据轴分枝与侧芽发育的不同，可分为以下几种，如图 2-38 所示。

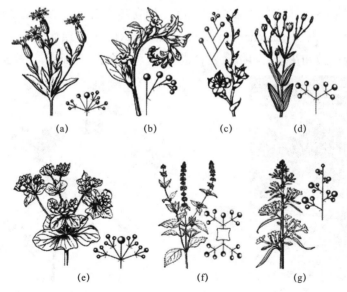

(a) (b) (c) (d)

(e) (f) (g)

图 2-38　有限花序

（a）聚伞花序；（b）螺状聚伞花序；（c）蝎尾状聚伞花序；（d）二歧聚伞花序；
（e）多歧聚伞花序；（f）轮伞花序；（g）聚伞圆锥花序

（1）单歧聚伞花序（monochasium 或 monochasial cyme）：顶芽成花后，其下只

059

有 1 个侧芽发育形成枝，顶端也成花，再依次形成花序。单歧聚伞花序有以下两种：

1）螺状聚伞花序（helicoid cyme）：侧芽只在同一侧依次形成侧枝和花朵，呈镰状卷曲，如附地菜、勿忘草等的花序（图 2-39）。

2）蝎尾状聚伞花序（scorpioid cyme）：侧芽左右交替地形成侧枝和顶生花朵，成两列，形如蝎尾状，如唐菖蒲（图 2-40）、黄花菜、萱草等的花序。

图 2-39　螺状聚伞花序（聚合草）　　　　图 2-40　蝎尾状聚伞花序（唐菖蒲）

（2）二歧聚伞花序（dichasium 或 dichasial cyme）：顶芽成花后，其下左右两侧的侧芽发育成侧枝和花朵，再依次发育成花序，如卷耳等石竹科植物的花序（图 2-41）。

（3）多歧聚伞花序（pleiochasium 或 pleiochasial cyme）：顶芽成花后，其下有 3 个以上的侧芽发育成侧枝和花朵，再依次发育成花序，如泽漆、猫眼草（图 2-42）等的花序。

图 2-41　二歧聚伞花序（麦瓶草）　　　　图 2-42　多歧聚伞花序（猫眼草）

（4）轮伞花序（verticillaster）：轮伞花序着生在对生叶的叶腋，花序轴及花梗极短，呈轮状排列，如野芝麻、薄荷、益母草（图 2-43）等唇形科植物的花序。

(a)　　　　　　　　(b)

图 2-43　轮伞花序

(a) 薄荷；(b) 益母草

另外，有些植物在同一花序上既有有限花序又有无限花序，因此，该类花序就叫作混合花序（mixed inflorescence）。这类花序的主花序轴形成无限花序，侧生花序轴形成有限花序，如丁香。

※ 任务实施

1. 接受任务

（1）学生分组：4～6 人 / 组，每组选出一名组长；

（2）由教师分配各组的调查区域。

2. 制定调查方案

每个调查小组的组长带领本组成员制定调查方案，方案内容应包括调查目的、组内分工、调查范围、调查路线、调查时间、调查方法和调查成果等。

3. 调查准备

（1）查找资料，形成初步的观花植物名录；

（2）确定常见观花植物的识别特征；

（3）设计记录表格，准备调查工具，如照相机等。

4. 外业调查

按照确定的调查路线，识别和记录每种用于园林绿化的观花植物，拍摄每种植物的识别特征照片和全景照片，并填写表 2-1。

表 2-1　（地区名）园林绿化观花植物调查表

序号	植物名称	照片编号	分布区域	数量	生长情况
1					
2					
...					

5. 内业整理

查找相关资料，对调查的植物进行整理与鉴定，并完善园林绿化观花植物名录。

6. 调查报告

根据调查的结果，每个小组自行设计格式写出一份调查报告，报告内容应包括调查目的、组内分工、调查范围、调查路线、调查时间、调查方法和调查成果（如种类、数量、生长情况分析）等。

※ **任务考核**

园林绿化观花植物调查考核标准参考表 2-2。

表 2-2　园林绿化观花植物调查考核表

考核项目	考核内容	分值 / 分	分数	考核方式
调查方案	内容完整，方案执行分工明确	10		分组考核
调查准备	名录编写正确，材料准备充分	10		分组考核
外业调查	按照预定方案执行，调查资料全面、无遗漏	10		分组考核
内业整理	植物定名正确，资料整理清楚	10		分组考核
调查报告	内容全面、数据准确、分析合理	10		分组考核
观花植物识别能力	正确命名	10		单人考核
	识别特征	20		
	科属判断	10		
团队协作	互帮互助，合作融洽	10		单人考核

※ **知识拓展**

植物的开花、传粉与受精

 一、开花

一朵花中雄蕊和雌蕊（或两者之一）发育成熟，花萼和花冠开放，露出雄蕊和雌蕊，这种现象或过程称为开花（anthesis）。在开花过程中，雄蕊花丝迅速伸长并挺立，雌蕊柱头或分泌柱头液，或柱头裂片张开，或羽毛状的柱头的毛状物凸起等，以利于接受花粉。

二、传粉

传粉或授粉（pollination）是指花药中花粉散出，借助外力传到雌蕊柱头上的过程。植物的传粉有自花传粉（self-pollination）和异花传粉（cross-pollination）两种方式。

1. 自花传粉

自花传粉是一朵花中成熟的花粉粒传到同一朵花的雌蕊柱头上的过程，如大豆等植物是自花传粉植物。自花传粉植物的花必须具备三个条件：第一，必须是两性花，花的雄蕊围绕雌蕊而生，且两者挨得很近；第二，雄蕊的花粉囊和雌蕊的胚囊必须同时成熟；第三，雌蕊的柱头对本花的花粉萌发和雄配子的发育没有任何生理障碍。

自花传粉中，有闭花受精（cleistogamy）现象。这类植物的花不待花苞张开，就已经完成受精作用。它们的花粉直接在花粉囊里萌发，花粉管穿过花粉囊的壁，向柱头生长，完成受精作用，因此，严格讲不存在传粉的环节。闭花受精在自然界是一种合理的适应现象，植物在环境条件不适于开花传粉时，闭花受精就弥补了这一不足，完成生殖过程，而且花粉可以不受雨水的淋湿和昆虫的吞食。

2. 异花传粉

异花传粉是指借助于生物的和非生物的媒介，将一朵花中的花粉粒传播到另一朵花的柱头上的过程。异花传粉是植物界最普遍的传粉方式，是植物多样化的重要基础。异花传粉既可以发生在同一株植物的各朵花之间，也可以发生在作物的品种内、品种间，或植物的不同种群、不同物种的植株之间，如玉米、油菜、向日葵、梨、苹果、瓜类植物等都是异花传粉植物。在生产上，果树的异花传粉一般是指不同品种之间的传粉，林业上是指不同植株之间的传粉。

异花传粉是植物进化的原动力之一。植物在长期的历史发展中，其生理上和形态构造上形成了许多适应异花传粉的特性，常见的有以下几种类型。

（1）单性花（unisexual flower）：单性花植物的传粉一般都是异花传粉。例如，玉米、板栗、胡桃等雌雄同株植物，大麻等雌雄异株植物等。

（2）自花不孕（self-sterility）：是指花粉粒落到同一朵花或同一植株的柱头上不能结实的现象。自花不孕有两种情况：一种是花粉粒落到自花的柱头上，根本不能萌发，如向日葵、荞麦、黑麦等；另一种是自花的花粉粒虽能萌发，但花粉管生长缓慢，一般没有异花的花粉管生长快，最终不能自体受精，如玉米、番茄等（进行玉米等自交系的培育，必须在人工传粉后套袋隔离）。此外，某些兰科植物的花粉对自花的柱头有毒害作用，常引起柱头凋萎，以致花粉管不能生长。

（3）雌雄异熟（dichogamy）：是指一株植物或一朵花中的雌雄蕊成熟时间不一致或雌雄性功能在时间上的分离。雌雄异熟能有效避免自身的花粉和柱头间的性别干扰。例如，油菜、甜菜的两性花为雌蕊先熟，梨、苹果的两性花为雄蕊先熟。

（4）雌雄异长（heterogony）：是指同种或同种群内不同个体间产生的 2 种或 3 种两性花。如荞麦有两种植株：一种植株花中雌蕊的花柱高于雄蕊的花药；另一种是雌蕊的柱头低于雄蕊的花药。传粉时，只有高雄蕊上的花粉传到高柱头上或者低雄蕊的花粉传到低柱头上才能受精。

3．传粉媒介

植物进行异花传粉时，必须借助各种外力才能将花粉传布到其他花的柱头。传送花粉的媒介主要有非生物（风和水等）和生物（昆虫、鸟、蝙蝠等）两类。非生物传粉，尤其是风媒传粉被认为是从动物传粉进化而来的。在被子植物中，有约 1/3 的植物种类属于风媒传粉的植物，其余 2/3 是动物（尤其是昆虫）传粉的植物（Gorelick，2001）。由于长期的演化，植物对各种传粉方式产生了与之适应的形态和结构。

（1）风媒花。以风作为传粉的媒介，称为风媒，它是非生物传粉的最重要类型。在禾本科和莎草科等植物科中，风媒尤其普遍；多数裸子植物和木本植物中的栎、杨、桦木等都属风媒。风媒花（anemophilous flower）一般花被不发达，也不美丽，没有蜜腺和气味，花粉粒不组成团块，也不具附着的特性，而且较小，容易被风传送，使距离在数百米外的雌花能够受精是极其普通的现象，这些花粉能生存几天到几周。

风媒植物的花朵数量多，常排列成柔荑花序或穗状花序。当微风吹过，花药摇动就会将花粉散布到空气中去。其花粉粒一般小而干燥，表面光滑，重量极轻，便于远距离传播。另外，花柱头大，分枝，粗糙具毛，常暴露在外，适于借风传粉。有的柱头上还分泌出黏液，便于黏住飞来的花粉。一般认为风媒传粉是比虫媒传粉更原始性的传粉方式。

（2）虫媒花。以昆虫为传粉媒介的植物称为虫媒植物，如油菜、向日葵、洋槐等，它们的花称为虫媒花（entomophilous flower）。常见的传粉昆虫有蜂类、蝶类、蛾类、蝇类等，虫媒花一般花形大、花被颜色美丽，还常有芳香的气味和甜美的花蜜，从而起到招蜂引蝶并进而将一朵花的花粉带到另一朵花上去的作用。虫媒花的花粉粒较大，有黏性，便于黏附在昆虫身上。虫媒花的大小、形态、结构、蜜腺的位置、开放时间等，常与传粉昆虫的大小、形态、口器的结构和习性等相适应。

（3）水媒与鸟媒。水生被子植物中的金鱼藻、黑藻、水鳖等都是借助水力来传粉的，这类传粉方式称为水媒（hydrophily）。借鸟类传粉的称为鸟媒（ornithophily），比如蜂鸟这类食蜜鸟，在取食蜜液过程中，其胸部和头部都会黏上花粉，从而起到传粉作用。大约有 2 000 种鸟可以为植物传粉。蜗牛、蝙蝠等小动物也能传粉，但不常见。

（4）人工授粉。人工授粉是指用人工方法为植物授粉，一般先从雄蕊上采集花粉，然后涂抹到雌蕊柱头上，常用于杂交育种。

三、受精

受精（fertilization）是指雌、雄性细胞（卵细胞和精细胞）互相融合的过程。被子植物的花粉落到柱头上，在柱头上融合并萌发，伸出花粉管。花粉管携带两个精子经柱头、花柱、子房进入胚珠，到达胚囊，释放出的两个精子分别与卵和极核融合的过程称为被子植物的双受精（double fertilization）过程。在这一过程中，花粉从萌发、生长到花粉管释放出精子都是花粉（管）与雌蕊相互作用的结果。花粉（管）与雌蕊的相互作用包括识别信号的交流、花粉管在雌蕊中的生长和花粉管生长方向的引导等。

1．花粉粒与柱头的相互识别

在自然条件下，落在某一柱头上的花粉种类和数量通常很多，但并不是所有落在柱头上的花粉都能萌发形成花粉管并插入花柱，直至完成受精。一般认为，花粉与柱头之间存在某种识别反应过程。当花粉粒落到柱头上，从柱头表面吸水膨大，并释放出花粉粒壁蛋白（一种糖蛋白），壁蛋白与柱头及花柱内细胞表面的蛋白相互识别（recognition），决定花粉与柱头的亲和（compatibility）或不亲和性（incompatibility）。对亲和性好的花粉，柱头提供水分、营养物质及刺激花粉萌发生长的物质，内壁凸出，同时，花粉内壁分泌角质酶，溶解与柱头接触处的柱头表皮细胞的角质膜，以利于花粉管穿过柱头的乳突细胞。如果是自花或远缘花粉不具亲和性，则产生"拒绝"（rejection）反应，柱头乳突细胞基部产生胼胝质，在花粉萌发孔或在才开始伸出的花粉管端形成胼胝质，将萌发孔阻塞，阻断花粉的萌发和花粉管的生长。因此，花粉与柱头的识别作用对于完成受精作用有决定性意义。

2．花粉管的发育与定向生长

（1）花粉管的发育与结构。花粉粒和柱头之间经过识别后，亲和的花粉粒产生水合反应（pollen hydration），从柱头分泌物中吸收水分和营养，内壁从萌发孔处向外突出，形成细长的花粉管，如图 2-44 所示。花粉的内含物流入管内，花粉管穿过被侵蚀的柱头乳突的细胞壁，向下进入柱头组织的细胞间隙，向花柱和子房方向生长。花粉管生长时，其细胞质处于运动状态，如二细胞花粉、生殖细胞和营养细胞随之进入花粉管先端，一般营养细胞在前。生殖细胞在花粉管中分裂一次，形成两个精子。如果为三

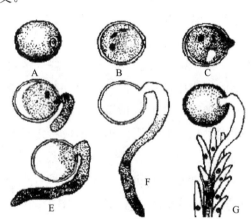

图 2-44　水稻花粉粒萌发和花粉管生长（A-G）（自李扬汉）

细胞花粉，则营养细胞和两个精子都进入花粉管。

（2）花粉管的定向生长。花粉管的生长从突破柱头开始，插入花柱后，在空心的花柱中，常沿着花柱道表面上的黏性分泌物生长，在实心的花柱中，常沿着引导组织细胞间隙或细胞壁中生长，而后穿越子房壁、进入胚珠，最终到达胚囊，将精子释放到胚囊内，完成传粉过程。

花粉管通过花柱，到达了房后，一般沿着子房的内壁或经胎座继续生长，直达胚珠。通常花粉管是从珠孔穿过珠心进入胚囊的，这种称为珠孔受精（porogamy）。但也有些植物的花粉管穿过合点区或珠被进入胚珠，这种称为合点受精（chalazogamy）或中部受精（mesogamy）。棉花的珠心组织比较发达，在花粉管到达之前，在珠孔与胚囊之间常有一狭条的珠心细胞退化，花粉管即由此通过。有的植物，珠心组织的表皮细胞壁黏液化，有利于花粉管地穿行。

（3）影响花粉管生长的因素。花粉粒在柱头上的萌发，花粉管在花柱中的生长，以及花粉管最后进入胚囊所需要的时间，因植物种类和外界条件而异，在正常情况下，多数植物需要 12～18 h。木本植物一般较慢，如桃授粉后，10～12 h 花粉管到达胚珠，柑橘需 3 h，核桃需 72 h，白桦和槲栎需 2 个月，而栓皮栎、麻栎等则需 14 个月才受精。草本植物一般较快，如水稻、小麦从授粉到花粉管到达胚囊约 30 min，菊科的橡胶草需 15～30 min，蚕豆需 14～16 h。花粉粒的萌发和花粉管的生长对温度的变化非常敏感，如小麦在 10 ℃时，传粉后 2 h 开始受精，20 ℃时萌发最好，30 min 即开始受精，30 ℃时仅需 15 min 即可受精。大多数温带地区的植物，花粉粒萌发和花粉管生长的最适温度为 25 ℃～30 ℃。不正常的低温和高温，都不利于花粉粒的萌发和花粉管的生长，甚至会使受精作用不能进行，用多量的花粉粒传粉，其花粉管的生长速度常比用少量花粉粒传粉花粉管的生长速度快得多，结实率也高。此外，水分、盐类、糖类、激素和维生素等，都对花粉粒的萌发和花粉管的生长有影响。

3. 双受精的过程和意义

（1）双受精的过程。多数被子植物的花粉管到达胚珠前或进入胚珠后，胚囊中两个助细胞中的一个常先退化，花粉管穿过胚囊的壁，经过助细胞的丝状器进入已退化的助细胞，花粉管顶端或亚顶端破裂，精细胞、一个营养核、细胞质、淀粉粒等花粉管内含物一起喷泻而出，形成特定的细胞质流，将精细胞带到卵细胞和中央细胞之间的位置，其中一个精子与卵细胞结合，形成二倍体的合子（zygote）或受精卵，将来发育成胚；另一个精子与极核（或中央细胞）结合，形成三倍体的初生胚乳核（primary endosperm nucleus）或受精极核，将来发育成胚乳。这种两个精子分别与卵和极核结合的现象称为双受精（图 2-45）。双受精是被子植物特有的有性生殖现象。花粉管内的物质释放后，花粉管裂口处很快被胼胝质阻塞，阻断了胚囊内物质倒流入花粉管。

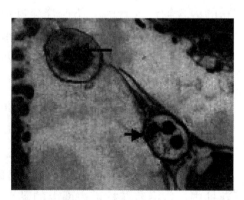

图 2-45　被子植物双受精作用中 2 个精子
（箭头）分别与卵细胞和中央细胞结合

（2）双受精作用的生物学意义。精、卵细胞的融合，将父、母本具有差异的遗传物质重新组合，形成具有双重遗传特性的合子，由此形成的新个体一方面恢复了物种原有的染色体数目，保持物种遗传的相对稳定性；另一方面，由于精、卵母细胞在减数分裂过程中出现染色体的片段互换和遗传物质的重组，因而其性细胞在一定程度上遗传差异较大，由此，其受精产生的后代必然出现新的遗传、变异的性状，丰富物种的适应性和抗劣性。

另外，双受精中一个精细胞和两个极核或一个次生核融合，形成了三倍体的初生胚乳核，因此，发育的胚乳同样结合了父、母本的遗传特性，生理上更为活跃，作为营养物质在胚的发育过程中被吸收、利用，其子代的变异性更大，生活力更强，适应性更广。

因此，双受精不仅是植物界有性生殖的最进化形式，还是植物杂交育种的理论基础。在杂交育种过程中，应尽量选择差异大的杂交组合，其后代更易选育出新的优良品种或新的植物类型。

任务二

·果实（种子）类型认知·

【技能目标】

1. 能够正确描述果实（种子）的形态特征；
2. 能够识别常见的果实（种子）类型；
3. 会采集各种果实（种子）标本。

【知识目标】

1. 了解果实（种子）的发育来源；
2. 掌握果实（种子）的组成及各部分的名称；
3. 掌握常见果实（种子）的类型。

【素质目标】

1. 能够独立制订学习计划，并按计划学习和撰写学习体会；
2. 学会检查监督管理，具有分析问题、解决问题的能力；

3．会查阅相关资料、整理资料；

4．具有良好的团队合作、沟通交流和语言表达能力；

5．具有吃苦耐劳、爱岗敬业的职业精神。

【任务设置】══════════════════════════════

1．学习任务：学习识别果实（种子）的类型；了解果实（种子）的发育来源。

2．工作任务：果实标本制作。某大学委托园林专业的学生建立一个果实标本室，要求学生收集各种类型的果实，制成标本，贴上标签，分门别类地陈列在标本柜中。

【相关知识】══════════════════════════════

开花、传粉、受精之后，花的各部分发生了不同的变化：胚珠发育成为种子，子房发育成为果实，花萼枯萎或宿存，花瓣、雄蕊、雌蕊的柱头和花柱均凋谢枯萎。包围果实的壁称为果皮，一般可分为三层，最外的一层称为外果皮，中间的一层称为中果皮，最内的一层称为内果皮。果实的类型多种多样，根据除子房外是否有花的其他部分参与，形成果实分为真果和假果两种；根据形成一个果实的花的数目多少或一朵花中雄蕊数目的多少，可以分为单果、聚花果和聚合果。

一、真果和假果

1．真果

真果的果实由子房发育而来，如花生、水稻、桃等。真果的果实包括果皮和种子两部分。果皮由子房壁发育而成，包在种子的外面，它通常分为外果皮、中果皮、内果皮三层。多数植物的果实是真果。

2．假果

由子房和花的其他部分，如花托、花管，甚至花序轴共同参与形成的果实，如梨、苹果、瓜类、无花果和凤梨（菠萝）等，称为假果。

二、单果

每朵花中仅有的1个子房形成的单个果实称为单果（simple fruit），这种果实最为常见。按果皮肉质或干燥与否，可分为肉果和干果两大类。

1．肉果（fleshy fruit）

肉果是指果实成熟时，果皮或其他的组成部分，肉质多汁，常见的有以下几种：

（1）核果（drupe）。外果皮薄，中果皮肉质，内果皮坚硬木化成果核，多由单心皮雌蕊形成，如桃、李子、杏、梅等的果实，如图 2-46 所示；也有的由 2～3 枚心皮发育而成，如枣、橄榄等的果实；有的核果成熟后，中果皮干燥无汁，如椰子的果实。

（2）浆果（berry）。由复雌蕊发育而成。外果皮薄，中、内果皮多汁，有的难分离，皆肉质化，如葡萄、番茄、柿等的果实。番茄这种浆果的胎座发达，肉质化，也是食用的部分，如图 2-47 所示。

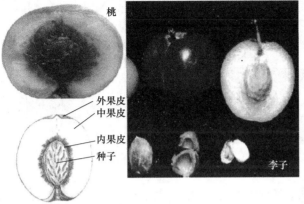

图 2-46　核果（桃、李子）　　　　　　　图 2-47　浆果（番茄）

（3）柑果（hesperidium）。外果皮革质，有许多挥发油囊；中果皮疏松髓质，有的与外果皮结合不易分离；内果皮呈囊瓣状，其壁上长有许多肉质的汁囊，是食用部分，如柑橘、柚等的果实，为芸香料植物所特有（图 2-48）。

（4）梨果（pome）。由下位子房的复雌蕊和花管发育而成。肉质食用的大部分"果"肉是花管形成的，只有中央的少部分为子房形成的果皮。其果皮薄，外果皮、中果皮不易区分，内果皮由木化的厚壁细胞组成，如梨、苹果、枇杷、山楂等的果实，为蔷薇科梨亚科植物所特有（图 2-49）。

图 2-48　柑果（柑橘）

（5）瓠果（pepo）。由下位子房的复雌蕊和花托共同发育而成，果实外层（花托和外果皮）坚硬，中果皮和内果皮肉质化，胎座也肉质化，如南瓜、冬瓜等瓜类的果实。西瓜的胎座特别发达，是食用的主要部分，如图 2-50 所示。瓠果为葫芦科植物所特有。

2. 干果

果实成熟后，果皮干燥，这样的果实称为干果（dry fruit）。干果又分为裂果和闭果两种。果实成熟后果皮开裂的，称为裂果（dehiscent fruit）；成熟后果皮不开裂，称为闭果（indchiscent fruit）。

图 2-49　梨果（苹果）　　　　　　　　　　图 2-50　瓠果（西瓜）

（1）裂果。常见的裂果有以下几种：

1）荚果（legume）。由单心皮雌蕊发育而成，边缘胎座。成熟时沿背缝线和腹缝线同时开裂，如大豆、豌豆、蚕豆等的果实；但也有不开裂的，如落花生等的果实；有的荚果皮在种子间收缩并分节断裂，如含羞草、山蚂蝗等的果实。荚果为豆目（或豆科）植物所特有，如图 2-51 所示。

2）蓇葖果（follicle）。由单心皮雌蕊发育而成。果实成熟后常在腹缝线一侧开裂（有的在背缝线开裂），如飞燕草、牡丹的果实（图 2-52）。

图 2-51　荚果（皂荚）　　　　　　　　　图 2-52　蓇葖果（牡丹）

3）角果。由两心皮的复雌蕊发育而成，侧膜胎座，子房常因假隔膜分成两室，果实成熟后多沿两条腹缝线自下而上地开裂。有的角果细长，称为长角果（silique），如油菜、甘蓝、桂竹香等的果实；有的角果呈三角形、圆球形，称为短角果（silicle），如荠菜、独行菜等的果实。但长角果有不开裂的，如萝卜的果实。角果为十字花科植物所特有，如图 2-53 所示。

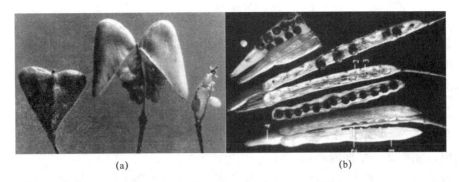

(a)　　　　　　　　　(b)

图 2-53　角果

（a）荠菜的短角果；（b）芸苔的长角果

4）蒴果（capsule）。由两个以上心皮的复雌蕊发育而成，果实成熟后有不同开裂方式，如图 2-54 所示。

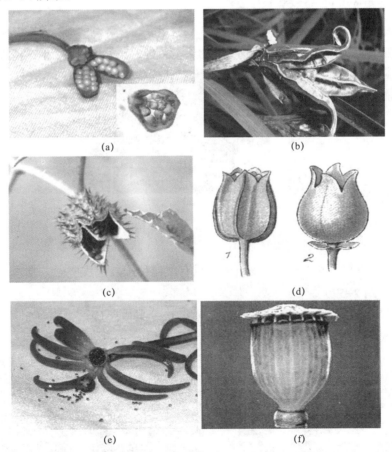

(a)　　　　　　　　　(b)

(c)　　　　　　　　　(d)

(e)　　　　　　　　　(f)

图 2-54　不同开裂方式的蒴果

（a）堇菜的背裂蒴果；（b）莺尾的腹裂蒴果；（c）曼陀罗的轴裂蒴果；
（d）王不留行的齿裂蒴果；（e）半枝莲的盖裂蒴果；（f）虞美人的孔裂蒴果

背裂（loculicidal dehiscence）：果瓣沿心皮背缝线开裂，如百合、棉花等。

腹裂（septicidal dehiscence）：果瓣沿腹缝线开裂，如龙胆、薯蓣、烟草等。

背腹裂（septifragal dehiscence）：果瓣沿背缝线和腹缝线同时开裂，如牵牛、曼陀罗（*Datura stramonium* Linn.）等。

齿裂（teeth dehiscence）：果实成熟时顶端呈齿状裂开，如石竹等。

孔裂（porous dehiscence）：果实成熟时，果瓣上部出现许多小孔，种子通过小孔向外散出，如罂粟、桔梗等。

盖裂（pyxis）：果实成熟时上部成盖状开裂，也叫作周裂（circumscillile dehiscence），如车前、马齿苋等。

（2）闭果。常见的闭果有以下几种：

1）瘦果（achene）。由 1～3 心皮组成，内含 1 粒种子，果皮与种皮分离，如向日葵、荞麦等果实（图 2-55）。

2）颖果（caryopsis）。似瘦果，由 2～3 心皮组成，含 1 粒种子，但果皮和种皮合生，不能分离，如水稻、小麦、玉米、玉蜀黍等的果实（图 2-56）。颖果为禾本科植物所特有。

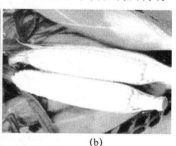

（a）　　　　　　　　　　　　　　　（b）

图 2-55　瘦果（向日葵）

图 2-56　颖果

（a）小麦；（b）玉蜀黍

3）坚果（nut）。由 2～3 心皮组成，只有 1 粒种子，果皮坚硬，常木化，如麻栎、榛等的果实（图 2-57）。

4）翅果（samara）。由 2 心皮组成，瘦果状，果皮坚硬，常向外延伸成翅，有利于果实的传播，如枫杨、榆、槭树、白蜡树等的果实（图 2-58）。

（a）　　　　　　　　　　（b）

图 2-57　坚果（榛）

图 2-58　翅果

（a）元宝槭；（b）白蜡树

5）分果（schizocarp）。由复雌蕊发育而成，果实成熟时按心皮数分离成2至多数，各含1粒种子的分果瓣（mericarp），如锦葵、蜀葵等的果实，如图2-59所示。双悬果（cremocarp）是分果的一种类型，由2心皮的下位子房发育而成，果熟时，分离成2悬果（小坚果），分悬于中央的细柄上，如胡萝卜、芹菜等的果实，双悬果为伞形科植物所特有。小坚果（nutlet）是分果的另

图2-59　分果（苘麻）

一种类型，由2心皮的雌蕊组成，在果实形成之前或形成中，子房分离或深凹陷成4个各含一粒种子的小坚果，如薄荷、一串红等唇形科植物；附地草、斑种草等紫草科植物和马鞭草科等的部分果实也属于这一种。

三、聚合果（aggregate fruit）

聚合果是由一花雌蕊中所有离生心皮形成的果实群，如图2-60所示。每一离生心皮所形成的小果实按其类型可分为聚合瘦果，如草莓、毛茛、蛇莓等的果实；聚合蓇葖果，如牡丹、玉兰、绣线菊、八角茴香等的果实；聚合核果，如悬钩子等的果实；聚合翅果，如鹅掌楸的果实；聚合坚果，如莲的果实等。

图2-60　各种类型聚合果

（a）草莓的聚合瘦果；（b）八角茴香的聚合蓇葖果；（c）黑莓的聚合核果；（d）睡莲的聚合坚果

四、聚花果（collective fruit）

聚花果是由整个花序发育而成的果实，故又称为花序果或复果（multiple fruit）。花序中的每朵花形成独立的小果，聚集在花序轴上，外形似一果实，如桑、无花果及凤梨（菠萝）等的果实，如图 2-61 所示。

（a）　　　　　　　　　　（b）

图 2-61　聚花果

（a）无花果；（b）凤梨（菠萝）

※ 任务实施

（1）学生分组：4～6 人 / 组。

（2）任务步骤：

1）每组收集（采集或购买）各种园林植物的果实 50 种。

2）辨别果实类型，并填写表 2-3。

3）将收集到的果实制成标本，贴上标签，并摆放到陈列柜里。

※ 任务考核

（1）对学生收集、制作、摆放标本的操作流程进行检查，50 分。

（2）报告单填写翔实、正确，50 分。

任务考核标准具体见表 2-3。

表 2-3　果实收集报告单

序号	植物名称	果实类型	发育来源	特点
1				
2				
3				
…				

植物种子（果实）的发育和形成

被子植物的花经过传粉、受精之后，胚珠逐渐发育成种子。与此同时，子房生长旺盛，连同胚珠共同发育为果实。有些植物的花托、花萼，甚至苞片等也可参与果实的形成，如草莓、苹果和板栗等。

一、种子的发育和形成

被子植物经过双受精以后，胚囊中的受精卵发育成胚（embryo）；中央细胞受精后形成初生胚乳核，发育成胚乳（endosperm），作为胚的养料；珠被发育成种皮（seed coat），包在胚和胚乳之外，起保护作用；大多数植物的珠心被吸收而解体消失，少数植物的珠心组织被保留下来，继续发育而成为外胚乳（perisperm）；珠柄发育成种柄；整个胚珠发育成种子（seed）。虽然不同植物种子的大小、形状及内部结构颇有差异，但它们的发育过程是相似的。

1. 胚乳的发育

胚乳由两个极核受精后发育而成，所以是三核融合（triplefusion）的产物。胚乳的发育进程较早于胚，极核受精后，不经休眠或经短暂的休眠，即开始第一次分裂。胚乳的发育形式一般有核型胚乳、细胞型胚乳和沼生目型胚乳三种。其中，核型胚乳最为普遍，而沼生目型胚乳比较少见。

核型胚乳的发育，受精极核的第一次分裂，以及其后一段时期的核分裂，不伴随细胞壁的形成，各个细胞核保留游离状态，分布在同一细胞质中，这一时期称为游离核的形成期。游离核的数目常随植物种类而异，随着核数的增加，核和原生质逐渐由于中央液泡的出现，而被挤向胚囊的四周，在胚囊的珠孔端和合点端较为密集，而在胚囊的侧方仅分布成一薄层。核的分裂多为有丝分裂方式进行，也有少数出现无丝分裂，特别是在合点端分布的核。胚乳核分裂进行到一定阶段，即向细胞时期过渡，这时，在游离核之间形成细胞壁，进行细胞质的分隔，即形成胚乳细胞，整个组织称为胚乳。单子叶植物和多数双子叶植物均属于这一类型。

细胞型胚乳是在核第一次分裂后，随即伴随细胞质的分裂和细胞壁的形成，以后进行的分裂全属细胞分裂，所以，胚乳自始至终是细胞的形式，不出现游离核时期，整个胚乳为多细胞结构。大多数合瓣花类植物属于这一类型。

沼生目型胚乳的发育，是核型和细胞型的中间类型。受精极核第一次分裂时，胚囊被分为2室，即珠孔室和合点室。珠孔室比较大，这一部分的核进行了多次分裂，呈游离状态。合点室核的分裂次数较少，并一直保持游离状态。之后，珠孔室的游离核形成细胞结构，完成胚乳的发育。属于这一胚乳发育类型的植物，仅限于沼生目种类，如刺果泽泻、慈姑、独尾草属（Eremurus sp.）等。

因为胚乳是三核融合的产物，它包括 2 个极核和 1 个精子核，含有三倍数的染色体（由母本提供 2 倍、父本提供 1 倍），所以，它同样包含着父本和母本植物的遗传性。而且它是胚体发育过程中的养料，为胚所吸收利用，因此，由胚发育的子代变异性更大，生活力更强，适应性也更广。

种子中胚乳的养料，有的经过贮存后，到种子萌发时才为胚所利用，因这类种子有胚乳，故称为有胚乳种子，如前面提到过的禾本科植物种子、蓖麻种子等。但另有一些植物，随着胚的形成，养料随即被胚吸收，贮存到子叶里，所以，在种子成熟时已无胚乳存在，这些是无胚乳种子，如豆类、瓜类的种子。

一般植物种子，在胚和胚乳发育过程中，要吸收胚囊周围珠心组织的养料，所以，珠心一般会遭到破坏而消失。但少数植物种类里，珠心始终存在，并在种子中发育成类似胚乳的另一种营养贮藏组织，称为外胚乳（prosembryum）。外胚乳具有胚乳的作用，但来源与胚乳不同。有外胚乳的种子，可以是无胚乳结构的，如苋属、石竹属、甜菜等；也可以是有胚乳结构的，如胡椒、姜等。被子植物中的兰科、川苔草科、菱科等植物，种子在发育过程中极核虽也经过受精作用，但受精极核不久后会退化消失，并不会发育为胚乳，所以种子内不存在胚乳结构。

2. 胚的发育

种子里的胚是由卵经过受精后的合子发育而来的，合子是胚的第一个细胞。卵细胞受精后，便产生一层纤维素的细胞壁，进入休眠状态。合子是一个高度极性化的细胞，它的第一次分裂，通常是横向的（极少数例外），成为两个细胞：一个靠近珠孔端，称为基细胞；另一个远珠孔端，称为顶端细胞。顶端细胞将成为胚的前身，而基细胞只具有营养性，不具有胚性，之后成为胚柄。两细胞之间有胞间连丝相通。这种细胞的异质性，是由合子的生理极性所决定的。胚在没有出现分化前的阶段，称为原胚（proembryo）。由原胚发展为胚的过程，在双子叶植物和单子叶植物之间是有差异的。

（1）双子叶植物胚的发育。双子叶植物胚的发育，可以荠菜为例进行说明，合子经短暂休眠后，不均等地横向分裂为基细胞和顶端细胞。基细胞略大，经过连续横向分裂，形成一列由 6 ~ 10 个细胞组成的胚柄。顶端细胞先要经过二次纵分裂（第二次的分裂面与第一次的分裂面垂直），成为 4 个细胞，即四分体时期；然后各个细胞再横向分裂一次，成为 8 个细胞的球状体，即八分体（octant）时期。八分体的各细胞先进行一次平周分裂，再经过各个方向的连续分裂，成为一团组织。以上各个时期都属原胚阶段。之后由于这团组织的顶端两侧分裂生长较快，会形成 2 个凸起，并迅速发育，成为 2 片子叶，又在子叶间的凹陷部分逐渐分化出胚芽。与此同时，球形胚体下方胚柄顶端的一个细胞，即胚根原细胞（hypophysis），和球形胚体的基部细胞不断分裂生长，一起分化为胚根。胚根与子叶间的部分即胚轴。不久，由于细胞的横向分裂，使子叶和胚轴延长，而胚轴和子叶由于空间的限制也弯曲成马蹄形。至此，一个完整的胚体已经形成，胚柄也就退化消失。

（2）单子叶植物胚的发育。单子叶植物胚的发育，可以禾本科的小麦为例进行说明。小麦胚的发育，与双子叶植物胚的发育情况有共同处，但也有区别。合子的第一次分裂是斜向的。分为 2 个细胞，接着 2 个细胞分别各自进行一次斜向的分裂，成为 4 个细胞的原胚。之后，4 个细胞又各自不断地从各个方向分裂，增大了胚体的体积。到 16 ～ 32 个细胞时期，胚呈现棍棒状，上部膨大，为胚体的前身，下部细长，分化为胚柄，整个胚体周围由一层原表皮层细胞所包围。到小麦的胚体已基本上发育形成时，在结构上，它包括一张盾片（子叶），位于胚的内侧，与胚乳相贴近。茎顶的生长点及第一片真叶原基合成胚芽，外面有胚芽鞘包被。胚芽的一端是胚根，外有胚根鞘包被。在与盾片相对的一面，可以见到外胚叶的凸起。有的禾本科植物，如玉米的胚，即不存在外胚叶。

3. 种子的形成

种子的外表，一般为种皮所包被。种皮是由胚珠的珠被随着胚和胚乳发育的同时一起发育而成的。各种植物的种皮结构差异较大，种皮的结构一方面决定于珠被的数目，另一方面决定于种皮在发育中的变化。为了解种皮结构的多样化，下面以蚕豆种子和小麦种子种皮的发育情况为例，加以说明。蚕豆种子在形成过程中，胚珠的内珠被为胚吸收消耗，不复存在，所以，种皮是由外珠被的组织发展而来的。外珠被发育成种皮时，珠被分化为 3 层组织后，外层细胞是 1 层长柱状厚壁细胞，细胞的长轴致密地平行排列，犹如栅状组织；第二层细胞分化为骨形厚壁细胞，这些细胞呈短柱状，两端膨大铺开成 I 形，壁厚，细胞腔明显，彼此紧靠排列，有极强的保护作用和机械力量，再下面是多层薄壁细胞，是外珠被未经分化的细胞层，种子在成长时，这部分细胞常被压扁。早期的种皮细胞内含有淀粉，是营养贮存的场所，所以，新鲜幼嫩的蚕豆种皮柔软可食，老后才转为坚韧的组织。

小麦种子发育时，2 层珠被也同样经过一系列变化。初时，每层珠被都包含 2 层细胞，合子进行第一次分裂时，外珠被开始出现退化现象，细胞内原生质逐渐消失，之后被挤，失去原来细胞形状，最终消失。内珠被这时尚保持原有性状，并增大体积，到种子乳熟时期，内珠被的外层细胞开始消失，内层细胞保持短期的存在，到种子成熟干燥时，更是根本起不了保护作用，以后作为种子保护的组织层，主要是由心皮发育而来。

受精后，花的各部分发生显著变化，花萼枯萎或宿存，花瓣和雄蕊凋谢，雌蕊的柱头、花柱枯萎，仅子房或子房外其他与之相连的部分一同生长发育膨大，发育为果实（fruit）。根据果实的发育来源与组成，可将果实分为真果和假果两类。真果（true fruit）是直接由子房发育而成的果实，如小麦、玉米、棉花、花生、柑橘、桃（图 2-62）、茶等的果实；假果（pseudocarp 或 false fruit）是由子房、花托、花萼，甚至整个花序共同发育而成的结构，

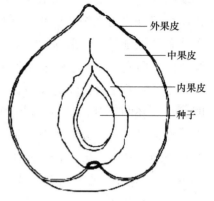

图 2-62　桃果实纵切面

如梨、苹果（图 2-63）、瓜类、石榴、菠萝和无花果等的果实。果实一般由果皮和其内所含的种子所组成。

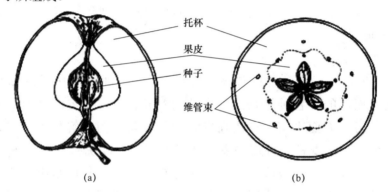

（a）　　　　　　　　　　　（b）

图 2-63　苹果的果实结构（示假果）

（a）果实纵切面；（b）果实横切面

真果的结构较简单，外层为果皮（pericarp），内含种子。果皮由子房壁发育而成，可分为外果皮、中果皮和内果皮三层。果皮的厚度不一，视果实种类而异。果皮的层次性有的易区分，如核果；有的互相混合，难以区分，如浆果的中果皮与内果皮；更有禾本科植物（如小麦、玉米）的籽粒和水稻除去稻壳后的糙米，其果皮与种皮结合紧密，难以分离。

假果的结构较真果复杂，除由子房发育成的果实外，还有其他部分参与果实的形成。例如，梨、苹果的食用部分，主要由花萼筒肉质化而成，中部才是由子房壁发育而来的肉质部分，且所占比例很少，但外、中、内三层果皮仍能区分，其内果皮常革质、较硬。在草莓等植物中，果实的肉质化部分是花托发育而来的结构；在无花果（*Ficus carica* L.）、菠萝 [*Ananas comosus*（L.）Merr.] 等植物的果实中，果实中的肉质化的部分主要由花序轴、花托等部分发育而成。

花至果的发育过程简要总结如下（图 2-64）：

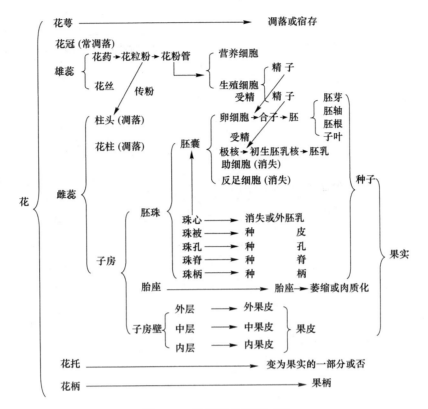

图 2-64 花至果的发育过程

※ 巩固训练

调查本地区观果植物的种类及果实类型，并填写表 2-4。

表 2-4 （地区名）观果植物调查表

果实类型			植物名称	主要特征	食用部分
单果	肉质果	浆果			
		瓠果			
		柑果			
		核果			
		梨果			
	干果	裂果	荚果			
		蓇葖果			
		蒴果			
		角果			

果实类型				植物名称	主要特征	食用部分
单果	干果	闭果	瘦果			
			坚果			
			颖果			
			翅果			
			分果			
聚合果						
聚花果						

项目三 园林植物的分类及鉴定

项目导入

目前，在地球上存活的植物约有 50 万种，高等植物有 35 万种以上，其中，已经被用于园林景观中的植物种类仅为一小部分。现代的园林景观越来越提倡生态化，如何发掘利用更多的植物在园林植物景观设计中，以满足园林生态的需要，是既引人入胜又繁重艰巨的任务，而完成这项任务的前提是要有科学、系统的分类方法对千差万别的植物进行分析、比较、综合和归纳，然后按照一定的规律给每种植物排成顺序，从而将它们区分开来，以便研究、交流、生产和应用。而园林植物的分类有其特殊性，园林工作者使用更多的是人为分类法来进行园林植物的识别与应用，采用的是以提高园林建设水平为主要任务的分类系统。

·园林植物的鉴定·

【技能目标】

能够利用检索表鉴定园林植物。

【知识目标】

1. 了解植物的分类历史；
2. 掌握植物的分类方法、分类单位等基础知识；
3. 掌握检索表的编制方法。

【素质目标】

1. 能够独立制订学习计划，并按计划学习和撰写学习体会；
2. 学会检查监督管理，具有分析、解决问题的能力；
3. 会查阅相关资料、整理资料。

【任务设置】

1. 学习任务：掌握植物分类的基础知识；学会使用植物检索表。
2. 工作任务：某公园欲对公园绿化植物设立标牌，为做好这项工作，现委托园林专业的学生对我院校园绿化植物进行调查，并对它们进行分类，制作植物标牌。

【相关知识】

植物标牌是对植物做出的科学说明，其内容一般包括植物分类等级、学名、中文名、用途、习性、分布等。可根据实际需要，对植物园、标本园、公园、院校等场所的植物进行介绍和说明，以达到科学研究或传播科普知识的目的。

（一）园林植物分类的意义

园林植物是园林工程中的重要组成部分，园林作品的好坏与园林植物知识的运用有一定的联系。地球上的植物种类丰富多样，形态千差万别，必须首先对其进行分类，才能有效地利用这些资源。因此，园林植物分类具有十分重要的意义。

首先，学习园林植物分类知识，可以了解各种园林植物的生物学特征和生态习性，为园林工程中的植物设计提供科学依据。不同的植物有不同的分布区，即在纬度、经度和海拔上有所不同。这些差异使植物在漫长的演化过程中，形成了与环境的适应性，从而表现出相应的生物学特性、生态学习性和形态特征，如花的颜色、常绿与落叶性、生长速度、耐阴性、对土壤 pH 值的要求、耐寒性等。园林植物的知识，可以通过系统学习园林植物分类得到满足。园林工程中的植物设计是在不同地点、不同生态环境和不同文化背景下进行的，具有强烈的针对性和创造性，园林植物的分类学知识为这种创造性的工作提供了知识支撑。

其次，园林植物分类学是观赏植物育种、驯化和栽培的理论基础。园林植物分类，特别是系统分类，在一定程度上反映了物种的演化过程和物种之间的亲缘关系。观赏植物的育种是创造新品种的工作，其必须在认识物种的基础上进行。只有具备丰富的分类学知识，才能有效地利用充分的物种基因资源，培育和创造出更具观赏价值的园林植物新品种。此外，错综复杂的物种生物学特性和生态学习性，是学习园林植物分类所必须掌握的知识。这些知识是开展园林植物驯化、栽培的理论基础。

最后，学习园林植物分类学是有效保护观赏植物物种基因资源的知识基础。地球上分布着许许多多的植物资源，其中，不少是很有观赏价值的园林植物。由于人类工业化进程的加快和盲目开垦，很多颇具观赏价值的园林植物还没有被人类认识就已经灭绝。因此，要保护具有观赏价值的园林植物，特别是野生观赏植物，必须首先学习园林植物分类学，结合园林专业的专门知识，开展园林植物保护编目，制订保护计划，从而有效地保护园林植物基因资源。

（二）园林植物的分类方法

园林植物的分类方法是人们依据实际需要，经过长期摸索、积累，逐步完善起来的，分为人为分类法和自然分类法两种。

1. 人为分类法

人为分类法是按照人们的目的和方法，以植物一个或几个特征或经济意义作为分类依据的分类方法，如按植物生长习性分类、按观赏性状分类、按园林用途分类等。这是人为的分类方法，这样的分类系统，是人为分类系统。此方法简单易懂，便于掌握，现在还常被采用，如花卉按形态特征分为草本花卉和木本花卉。草本花卉中，按其生长发育期的长短，又可分为一年生、二年生和多年生三种。木本花卉主要包括乔木、灌木、藤本三种类型。这种分类方法和所建立的分类系统都是人为的，是人们按照自己的方便建立的，不能反映植物类群的进化规律与亲缘关系。

植物按生长习性分类见表3-1。

表3-1　植物按生长习性分类

分类		茎木质部	茎	植株
木本植物	总特征	发达，木纤维较多	坚硬直立	较高大，寿命很长
	乔木	—	主干明显	高大
	灌木	—	无明显主干	比乔木矮小
草本		不发达，木质化细胞较少	较柔软	较矮小
藤本		—	又细又长	匍匐地面或攀附其他物体生长

2. 自然分类法

自然分类法是以植物的亲疏程度作为分类标准。植物亲疏的程度，是根据植物相同点的多少判断的，如小麦与水稻有许多相同点，于是认为它们较亲近；小麦与甘薯、大豆相同的地方较少，所以认为它们较疏远。这样的方法是自然分类方法。这样的分类系统，是自然分类系统，如表型性分类、系统发育分类。这种方法科学性较强，在生产实践中也有重要意义。例如，可根据植物亲缘关系，选择亲本以进行人工杂交，培育新品种；也可根据亲缘关系，探索植物资源。

随着学科的发展，现代植物分类学还综合运用细胞学、植物化学、植物胚胎学、植物地理学、遗传学、生态学等其他学科的研究成果，研究植物间的进化和亲缘关系，使自然分类系统的研究水平提高了一大步，更能准确反映彼此间的亲缘关系。

（三）植物分类的等级

为了便于分门别类，按照植物类群的等级，各给予一定的名称，这就是分类上的各级单位。植物分类的基本单位表见表3-2。

表 3-2　植物分类的基本单位表

中文名	拉丁文	英文
界	Regnum	Kingdom
门	Divisio	Divisio
纲	Classis	Class
目	Ordo	Order
科	Familia	Family
属	Genus	Genus
种	Species	Species

各级单位根据需要可再分成亚级，即在各级单位之前，加上一个亚（sub-）字。现以向日葵为例，说明它在分类上所属的各级单位。

界　植物界（Regnum vegetabile）

门　被子植物门（Angiospermae）

纲　双子叶植物纲（D：cotyledoneae）

亚纲　菊亚纲（Asteridae）

目　菊目（Asterales）

科　菊科（Compositae）

属　向日葵属（*Helianthus*）

种　向日葵（*Helianthus annuus* L.）

种是分类上的一个基本单位，也是各级单位的起点。同种植物的个体，起源于共同的祖先，有极近似的形态特征，且能进行自然交配产生正常的后代（有少数例外），既有相对稳定的形态特征，又在不断地发展演化。如果在种内的某些植物个体之间存有显著的差异时，可视差异的大小，分为亚种、变种、变型等。

亚种：一般认为是一个种内的类群，由于受到所在地区生活环境的影响，在形态结构或生理机能上发生某些变化，这样的类群即亚种。属于同种内的两个亚种，不在同一地理分布区内。

变种：是种内的种型或个体变异，具有相同分布区的同一种植物，由于微环境不同而导致植物界具有可稳定遗传的一些细微差异。

变型：是一些零星分布的个体，分布没有规律，仅有微小形态学差异的相同物种的不同个体，如花冠或果的颜色，毛的有无等。

品种不是植物分类学中的一个分类单位，不存在野生植物中。品种是人类在生产实践中，经过培育或为人类所发现的。一般来说，多基于经济意义和形态上的差异，如大小、色、香、味等，实际上是栽培植物的变种或变型。种内各品种之间的杂交，叫作近亲杂交。种间、属间或更高级的单位之间的杂交，叫作远缘杂交。育种工作者常常遵循近亲易于杂交的法则，培育出新的品种。

二、植物的命名

（一）植物学名的形成

每种植物，在各国都有各自的名称，就是一国之内，各地的名称也不相同，因此，就有同物异名，或异物同名的混乱现象，造成识别植物、利用植物、交流经验等的障碍。为了避免这种混乱，有一个统一的名称是非常必要的。国际上规定，植物任何一级分类单位，均须按照《国际植物命名法规》，用拉丁文或拉丁化的文字进行命名，这样的命名叫作学名，它是世界范围内通用的唯一正式名称。

（二）双名法

林奈于1753年用两个拉丁单词作为一种植物的名称，第一个单词是属名，是名词，其第一个字母要大写；第二个单词为种名形容词；后边再写出定名人的姓氏或姓氏缩写（第一个字母要大写），便于考证。这种国际上统一的名称，就是学名。这种命名的方法，叫作双名法。如稻的学名是 *Oryza sativa* L.，第一个字是属名，是水稻的古希腊名，是名词；第二个字是种名形容词，是栽培的意思；后边大写"L."是定名人林奈（Linnaeus）的缩写。如果是变种，则在种名的后边，加上一个变种（varietas）的缩写 var.，然后加上变种名，同样后边附以定名人的姓氏或姓氏缩写。如蟠桃的学名为 *Prunus persica* var.*compressa* Bean.。

为了避免命名上的混乱，学名必须遵循《国际植物命名法规》（International Code of Botanical Nomenclature，ICBN），这是瑞士人小德堪多（Alphonse de Candolle）1876年在巴黎召开的第一次国际植物学会议上建议的植物命名规则，经过多次国际植物学会议讨论修订而成的。

三、植物的鉴定

（一）植物鉴定的方法和意义

鉴定植物，首先要正确运用分类学的知识，其次要学会查阅工具书和资料。

微课：植物的鉴定

植物的鉴定是植物科学中的一项基本技能。鉴定植物时，主要掌握两个基本环节：

（1）在鉴定植物之前，先要对所鉴定的植物标本或新鲜材料进行全面、细心的观察，必要时还需借助放大镜，弄清鉴定对象的各部分形态特征，依据植物形态术语的概念，做出准确的判断。

（2）利用分类工具书进行鉴定。一般的植物鉴定工具书，如全国或各地的植物志、图鉴等，均附有分科、分属及分种的检索表，并有植物的形态描述、产地、生境、经济用途等，并多有附图。

（二）植物的鉴定工具

植物分类检索表是识别与鉴定植物时不可缺少的工具。常见的有定距式（二歧式）检索表和平行式检索表两种。

1. 定距式检索表

检索表的编制是根据法国人拉马克（Lamarck，1744—1829）的二歧分类原则，将原来的一群植物相对应的特征、特性分成相对应的两个分支，再将每个分支中相对应的性状分成相对应的两个分支，依次下去，直到编制的科、属或种检索表的终点为止。为了便于使用，各分支按其出现的先后顺序，前边加上一定的顺序数字或符号。相对应两个分支前的数字或符号应是相同的。每两个相对应的分支，都编写在距左边有同等距离的地方。每一个分支下边，相对应的两个分支，较先出现的向右低一个字格，这样继续下去，直到编制的终点为止，这种检索表称为定距式检索表。

定距式检索表通常有分科、分属和分种检索表，可以分别检索出植物的科、属、种。当检索一种植物时，先以检索表中次第出现的两个分支的形态特征，与植物相对照，选其与植物符合的一个分支，在这一分支下边的两个分支中继续检索，直到检索出植物的科、属、种名为止。然后对照植物的有关描述或插图，验证检索过程中是否有误，最后鉴定出植物的正确名称。

2. 平行式检索表

此外，还有平行式检索表，即相对应性状的两个分支平行排列。分支之末为名称或序号，此序号重新写在相对应分支之前。

例如：有四种树木，其特征为第一种（sp.1）花紫色，花具短柄；第二种（sp.2）花紫色，花具长柄；第三种（sp.3）单叶互生，花黄色，花瓣四枚；第四种（sp.4）叶单叶对生，花黄色，花瓣六枚，则两种检索表的做法如下：

（1）定距式检索表。

1. 花紫色
  2. 花具短柄………………………………………………（sp.1）
  2. 花具长柄………………………………………………（sp.2）
1. 花黄色
  2. 单叶互生，花瓣四枚………………………………（sp.3）
  2. 单叶对生，花瓣六枚………………………………（sp.4）

（2）平行式检索表。

1. 花紫色 ⋯⋯⋯⋯⋯⋯⋯⋯⋯⋯⋯⋯⋯⋯⋯⋯⋯⋯⋯⋯⋯2

1. 花黄色 ⋯⋯⋯⋯⋯⋯⋯⋯⋯⋯⋯⋯⋯⋯⋯⋯⋯⋯⋯⋯⋯3

2. 花具短柄⋯⋯⋯⋯⋯⋯⋯⋯⋯⋯⋯⋯⋯⋯⋯⋯⋯⋯（sp.1）

2. 花具长柄⋯⋯⋯⋯⋯⋯⋯⋯⋯⋯⋯⋯⋯⋯⋯⋯⋯⋯（sp.2）

3. 单叶互生⋯⋯⋯⋯⋯⋯⋯⋯⋯⋯⋯⋯⋯⋯⋯⋯⋯⋯⋯⋯4

3. 单叶对生⋯⋯⋯⋯⋯⋯⋯⋯⋯⋯⋯⋯⋯⋯⋯⋯⋯⋯⋯⋯5

4. 花瓣四枚⋯⋯⋯⋯⋯⋯⋯⋯⋯⋯⋯⋯⋯⋯⋯⋯⋯⋯（sp.3）

4. 花瓣六枚⋯⋯⋯⋯⋯⋯⋯⋯⋯⋯⋯⋯⋯⋯⋯⋯⋯⋯（sp.4）

这两种检索表各有特点，适用于不同的情况，见表 3-3。

表 3-3　两种检索表的比较

定距式检索表	平行式检索表
每一对特征写在左边一定距离处； 下一级比上一级向右移一定的距离； 相同对立特征排在同等距离处	每一对特征相连，写在最左边； 在每一行的描述后都有数字和名称
对比清晰，使用方便，适用科属检索表	直观，易于比较，节省篇幅，适用种类多的检索表

鉴定植物时，根据需要应用检索表，可以从科一直检索到种。要能达到预期的目的：第一是要有完整的检索表资料，第二是收集检索对象的性状完整的标本，方能顺利地进行检索。对检索表中使用的各项专用术语应有明确的理解，如稍有差错、含混，就不能找到正确的答案。检索时要求耐心细致。检索一个新的植物种类，即使对一个较有经验的工作者也常常会经过反复和曲折，绝非是一件一蹴而就的事。对一个分类工作者来说，检索的过程是学习、掌握分类学知识的必经之路。

四、植物标本的采集与制作

植物标本是指将全部或部分新鲜植物体用物理或化学方法处理后保存起来的实物样品。植物标本包含着一个物种的大量信息，如形态特征、地理分布、生态环境和物候期等，是植物分类和植物区系研究必不可少的科学依据，也是植物资源调查、开发利用和保护的重要资料。在自然界，植物的生长、发育有它的季节性及分布地区的局限性。为了不受季节或地区的限制，有效地进行学习交流和教学活动，有必要采集和保存植物标本。学会采集和制作植物标本是培养植物分类学实践能力和进行植物识别、分类的重要步骤，也是学生今后从事相关教学和科研工作的基本技能。

没有植物标本，也就没有植物分类学。由此可见，掌握植物标本的采集、制作和保存的一整套工作方法，对一个植物学工作者和教师来讲是极为重要的。

植物标本因保存方式的不同可分许多种，有腊叶标本、浸制标本、浇制标本、玻片标本、果实和种子标本等，最常用的是腊叶标本和浸制标本。

（一）植物标本的采集

采集植物标本，首先要根据采集的目的与要求确定采集时间和采集地点；其次，依据植物的种类，应用适宜的采集方法，最后认真做好记录工作。

1. 采集的时间、地点

不同植物其生长发育的时期有长有短，只有在不同的季节和不同的时间进行采集，才可能得到各类不同时期的标本。如木兰科的玉兰，在早春开花，花后才长叶，而菊科、伞形科中有些植物在深秋才开花结果。另外，不同生态环境生长着不同的植物，如阳生植物绝不可能生长在阴坡，水生植物一定生长在有水的环境。因此，我们在采集植物标本时，必须根据采集目的和要求，确定采集时间和地点，这样才能采集到需要的植物标本。

2. 采集工具

（1）标本夹是压制标本的主要用具之一。其作用是将吸湿草和标本置于其内压紧，使花叶不致皱缩凋落，从而使枝叶平坦，容易装订于台纸上。标本夹用坚韧的木材为材料，一般长约43 cm，宽30 cm，以宽3 cm，厚为5～7 mm的小木条，横直每隔3～4 cm用小钉钉牢，四周用较厚的木条（约2 cm）嵌实。

（2）枝剪或剪刀：用以剪断木本或有刺植物。

（3）高枝剪：用以采集徒手不能采集到的乔木上的枝条或陡险处的植物。

（4）采集箱、采集袋或背篓：临时收藏采集品用。

（5）小锄头：用来挖掘草本及矮小植物的地下部分。

（6）吸湿草纸：普通草纸。用来吸收水分，使标本易干。最好买大张的，对折后用订书机订好。其装订后的大小长约42 cm，宽约29 cm。

（7）记录簿、号牌：用以野外记录。

（8）便携式植物标本干燥器：用以烘干标本，代替频繁地换吸湿草纸。

（9）其他：海拔仪、地球卫星定位仪（GPS）、照相机、钢卷尺、放大镜、铅笔等用品。

植物标本夹、采集箱和枝剪如图3-1所示。

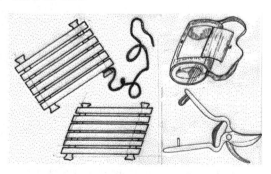

图3-1 植物标本夹、采集箱和枝剪

3. 采集方法

标本采集应选择以最小的面积，且能表示最完整的部分，即选取有代表性特征的植物体各部分器官，一般除采集枝叶外，最好采集带花或果的枝条。如果有用部分是根和地下茎或树皮，也必须同时选取少许进行压制。每种植物要采集两个或多个复份。要用枝剪来取标本，不能用手折，因为手折容易伤树，摘下来的压成标本也不美观。不同的植物应采用不同的采集方法。

（1）木本植物：应采集典型、有代表性特征、带花或果的枝条。对先花后叶的植物，应先采集花，后采集枝叶。在同一植株上（雌雄异株或同株）的，雌雄花应分别采集。一般应有两年生的枝条，因为，两年生的枝条较一年生的枝条常有许多不同的特征，同时，可见该树种的芽鳞有无和多少，如果是乔木或灌木，则标本的先端不能剪去，以便区别于藤本类。

（2）草本及矮小灌木：要采取地下部分，如根茎、匍匐枝、块茎、块根或根系等，以及开花或结果的全株。

（3）藤本植物：剪取中间一段，在剪取时，应注意表示它的藤本性状。

（4）寄生植物：须连同寄主一起采压，并将寄主的种类、形态、同被采的寄生植物的关系等记录在采集记录上。

（5）水生植物：很多有花植物生活在水中，有些种类具有地下茎，有些种类的叶柄和花柄是随着水的深度而增长的，因此，采集这种植物时，有地下茎的应采取地下茎，这样才能显示出花柄和叶柄着生的位置。但采集时必须注意有些水生植物全株都很柔软且脆弱，一提出水面，它的枝叶即彼此粘贴重叠，带回室内后常失去其原来的形态。因此，采集这类植物时，最好整株捞取，用塑料袋包好，放在采集箱里，带回室内立即将其放入水盆，等到植物的枝叶恢复原来形态时，将一张旧报纸放在浮水的标本下，轻轻将标本提出水面后，立即放在干燥的草纸里压制。

（6）蕨类植物：采取生有孢子囊群的植株，连同根状茎一起采集。

4. 野外记录

为什么在野外采集时要做好记录工作呢？正如以上所讲的，我们在野外采集时只能采集整个植物体的一部分，而且有不少植物压制后与原来的颜色、气味等差别很大，如果所采回的标本没有详细记录，日后记忆模糊，就不可能对这一种植物完全了解，鉴定植物时也会产生更大的困难。因此，记录工作在野外采集是极重要的，而且采集和记录的工作是紧密联系的，所以，我们到野外前必须准备足够的采集记录纸，随采随记，只有这样养成了习惯，才能使我们熟练地掌握野外采集、记录的方法，只有熟练掌握野外记录后，才能保证采集工作的顺利进行。记录工作如何着手呢？记录一般应掌握的两条基本原则：一是在野外能看得见，而在制成标本后无法带回的内容；二是标本压干后会消失或改变的特征。例如，有关植物的产地、生长环境、习性、叶、花、果的颜色、有无香气和乳汁，采集日期以及采集人和采集号等必须记录。记录时应该注意观察，在同一株植物上往往有两种叶形，如果采集时只能采到一种叶形，那么就要靠记录工作来帮助。此外，如禾本科植物（像芦苇等）高大的多年生草本植物，我们采集时只能采到其中的一部分，因此，我们必须将它们的高度、地上及地下茎的节数、颜色记录下来。这样采回来的标本对植物分类工作者才有价值。常用的标本采集记录见表3-4。

表 3-4　标本采集记录

采集日期：		
产地：　　　省　　　市（县）		
生境：　　　海拔：　　　　m		
习性：		
体高：　　　m　　　胸径：　　　　cm		
根：		
茎：　　　树皮：		
叶：		
花：		
果实：		
附记：		
科名：　　　种中名：		
种学名：		
采集者：　　　采集号：		

采集标本时参考以上采集记录的格式逐项填好后，必须立即用带有采集号的小标签挂在植物标本上，同时，要注意检查采集记录上的采集号数与小标签上的号数是否相符。同一采集人的采集号要连续不重复，同种植物的复份标本要编同一号。记录上的情况是否是所采集的标本，这点很重要，如果其中发生错误，就失去了标本的价值，甚至影响标本鉴定工作。

（二）植物标本的制作

目前，通用的植物标本制作方法有干制法和浸制法两种。

1. 腊叶标本的压制与装帧

腊叶标本的制作省工省料，便于运输和保存，是最常用的一类植物标本。其中，"腊"就是"干"的意思，新鲜的植物体经过压制，在短时间内脱水干燥，使其形态和颜色得以固定，即腊叶标本。然后将标本装订在台纸上，叫作装帧。压制与制作标本须注意以下几点：

（1）腊叶标本的压制。

1）顺其自然，稍加摆布，使标本各部分，尤其是叶的正、背面均有展现。也可根据情况再度取舍修整，但要注意保持标本的特征。

2）对叶片易脱落的植物，可先以少量食盐沸水浸泡 0.5 ～ 1 min，然后用 75% 酒精浸泡，待稍风干后再进行压制。

3）及时更换吸水纸，采集当天应换两次干纸，之后视情况可以相应减少。换纸后，将标本放置在通风、透光、温暖的地方。换下的潮湿纸及时晾干或烘干，备用。

4）捆绑标本夹时，松紧要适度，若过紧，标本易变黑；若过松，标本不易干。标本间夹纸以平整为准，如球果、枝刺处可多夹些。

（2）腊叶标本的装帧。

1）标本压制干燥后即可装帧，装帧前应消毒和做最后定形修整，再缝合在台纸上（30 ～ 40 cm 重磅白板纸）。缝合时一般取一些茎或枝，用线固定在白版纸上。叶子要粘贴，可用毛笔蘸白胶涂在叶子背面粘贴，原则是叶片之间尽量不重合。例如，粘羽状复叶的时候建议从上往下粘，这样可以保证叶片不重合。与此同时，注意给植株在台纸上排一个比较好看的形状，这样可以使标本看上去更为美观。

2）将野外记录贴在台纸左上方，定名签填好贴在右下角，此签不得随意改动。对定名签鉴定的名称有异议，可另附临时定名签。照片、散落物小袋等贴在其他角落。贴时均不要用糨糊，以防霉变。标本布局应注意匀称、均衡、自然。

3）装订后的标本再经过消毒、夹纸或装入塑料袋等措施后，保存于专门的标本柜。

2. 浸制标本的固定与保存

对于不宜压制的果实、花及含水量较高的枝叶等，可制作成浸制标本。浸制过程包括固定和保存两个步骤，具体的程序：先清洗标本，再将其固定于玻璃棒（条）上，然后放入药液标本缸中，使药液浸没标本，最后用蜡封住瓶盖，贴上标签。常用于保存标本的浸制液有以下几种：

（1）普通浸制液。若标本的果实较大应切开，以达到彻底防腐的目的。

1）70% 酒精。酒精浸制的标本可以长期保存，但容易脱色。

2）5% ～ 10% 甲醛水溶液。甲醛水溶液廉价，也能保存一定颜色，但药液易变黄。

（2）保存绿色浸制法。将醋酸铜粉末加入 50% 的冰醋酸制成饱和溶液，而后稀释4倍，加热至 85 ℃时，放入标本，开始标本会变为黄绿色或褐色，继而转绿，重现原有色泽。10 ～ 30 min 后，将标本取出，用水冲洗干净，放入 5% 的福尔马林溶液中长期保存。

（3）保存红色浸制法。先将标本放入含有 1% 甲醛、0.08% 硼酸水溶液中浸泡 1 ～ 3 天，标本由红转褐，然后取出用清水洗净，放置于含有 0.2% 硼酸、1% ～ 2% 亚硫酸的水溶液中即可。若标本仍发绿，可加入少量硫酸铜试剂。

（4）保存黄色、黄绿色浸制法。取亚硫酸、95% 酒精各 568 mL，加水 4 500 mL，混合过滤使用。

（5）保存紫色浸制法。取饱和食盐水 500 mL、甲醛 250 mL、蒸馏水 4 350 mL 混合，澄清后，取澄清液浸泡标本。

（6）保存白色浸制法。先将标本洗净后放入 1% ～ 4% 的亚硫酸溶液，然后长时间置于日光下曝晒，直到标本晒漂成白色为止。

3．其他标本处理

有些不易上台纸装帧成腊叶标本或者浸泡在浸制液中的植物，可参照下列方法处理：

（1）常绿、针叶带球果标本，如云杉、油松等，可待其干燥后托以棉花放入标本盒。

（2）树皮标本可待干燥后，或钉、或贴在薄板上，存于塑料袋中保存。

※ 任务实施

（1）学生分组：4 ～ 6 人 / 组，设组长 1 名、记录员 1 名、调查员 2 ～ 4 名。

（2）任务用品：园林设计图纸、绿化效果图、植物图片以及植物志、花卉学、树木学书籍等参考资料。

（3）任务步骤：

1）对照园林设计图纸，制定园林绿化植物统计名录。

2）赴点采集植物标本或对植物的典型特征进行拍照，与设计图纸比对是否一致。

3）翻阅有关书籍并查看网络资料，确定每种植物的科名、属名、种名、学名、产地、经济价值等内容，完成园林绿化植物名录。

4）制作标签，植物标签格式见表 3-5。

表 3-5 植物标签

科名	
属名	
种名	
学名	
产地	
经济价值	
鉴定人	

植物标牌制作考核标准见表 3-6。

表 3-6　植物标牌制作考核标准

考核项目	考核标准	分值 / 分	考核方式
植物特征认识	能找出植物的典型特征	20	单人考核
工具书使用	能正确使用工具书	20	单人考核
种的确定	命名正确	20	单人考核
科属的确定	科属确定无误	10	单人考核
学名的确定	学名书写正确	10	单人考核
植物名录的编制	植物名录正确	10	分组考核
标牌内容的整理设计	内容正确，详略得当	10	分组考核

※ 知识拓展

植物分类系统及基本类群

一、植物分类系统

达尔文的《物种起源》提出了生物进化学说，说明了任何生物物种都有它的起源、进化和发展的过程。进化论的思想促进了植物分类的研究。现代主要的几个系统都以最大可能体现植物界各类群之间的亲缘关系为目标。基于这种目标建立起来的分类系统实际上是表型分类与系统发育分类有效结合的表达。百余年来，建立的分类系统有数十个，著名的有恩格勒（A. Engler）系统、哈钦松（J. Hutchinson）系统、塔赫他间（A. Takhtajan）系统、柯朗奎斯特（A. Cronquist）系统。

1. 恩格勒系统

恩格勒系统是由德国植物学家恩格勒（A. Engler）于 1892 年编制的分类系统。在他与普兰特（K. Prantl）合著的《植物自然分科志》（1897）和他自己所著的《植物自然分科纲要》中均应用了他的系统。该系统的要点如下：

（1）赞成假花学说，认为柔荑花序类植物，特别是轮生目、杨柳目最为原始。

（2）花的演化规律是由简单到复杂；由无被花到有被花；由单被花到双被花；由离瓣花到合瓣花；花由单性到两性；花部由少数到多数；由风媒到虫媒。

（3）认为被子植物是二元起源的；双子叶植物和单子叶植物是平行发展的两支；在他所著的《植物自然分科纲要》一书中，将单子叶植物排在双子叶植物前面，同书1964年的第12版，由迈启耳（Melchior）修订，已将双子叶植物排在单子叶植物前面。

（4）恩格勒系统包括整个植物界，将植物界分为13门，1～12门为隐花植物门，第13门为种子植物门。种子植物门分为裸子植物亚门和被子植物亚门。裸子植物亚门分为6个纲；被子植物亚门分为单子叶植物纲和双子叶植物纲。整个被子植物分为39目，280科。但1964年经迈启耳修订后，被子植物分为62目，344科。

（5）恩格勒系统图是将被子植物由简单到复杂化而排列的，不是由一个目进化到另一个目的排列方法，而是按照花的构造、果实种子发育情况，或是按照解剖知识，在进化理论指导下做出了合理的自然分类系统。

恩格勒系统是被子植物分类学史上第一个比较完善的分类系统。到目前为止，世界上除英法外，大部分国家都应用该系统。我国的《中国植物志》、多数地方植物志和植物标本室，都曾采用该系统，它在传统分类学中影响很大。然而，该系统虽经迈启耳修订，但仍存在某些缺陷。如将柔荑花序类作为最原始的被子植物，将多心皮类看作较为进化的类群等，这种观点，现在赞成的人已经不多了。

2. 哈钦松系统

哈钦松（J. Hutchinson），英国著名植物分类学家，著有《有花植物科志》一书，分两册于1926年和1934年出版，其在书中发表了自己的分类系统，到1973年经过多次修订后，原先的332科增至411科。该系统要点如下：

（1）赞成真花学说，认为木兰目、毛茛目为原始类群，而柔荑花序类不是原始类群。认为被子植物是单元起源的，单子叶植物起源于毛茛目。

（2）花的演化规律是由两性到单性；由虫媒到风媒；由双被花到单被花或无被花；由雄蕊多数且分离到定数且合生；由心皮多数且分离到定数且合生。

（3）双子叶植物在早期就分为草本群、木本群两支。木本支以木本植物为主，其中，有后来演化为草本的大戟目、锦葵目等，以木兰目最原始，有54目，246科。草本支以草本植物为主，但也有木本的小檗目等，以毛茛目最原始，有28目，96科。单子叶植物分为3大支：萼花群12目29科，瓣花群14目34科，颖花群3目6科。

哈钦松系统将多心皮类作为演化起点，在不少方面正确阐述了被子植物的演化关系，有很大进步。该系统问世后，很快就引起了各国的重视和引用。但这一系统也存在某些问题，即将双子叶植物分为木本群和草本群，人为性较大，为一些分类学者所不赞成。半个世纪以来，许多学者对此进行了多方面修订，塔赫他间系统、柯朗奎斯特系统都是在此基础上发展起来的。

3．塔赫他间系统

塔赫他间（A. Takhtajan），苏联植物学家，于1954年出版了《被子植物起源》一书，发表了自己的系统，到1980年已做过多次修改。该系统的要点如下：

（1）赞成真花学说，认为被子植物可能源于裸子植物的原始类群种子蕨，并通过幼态成熟演化而成；主张单元起源说。

（2）认为两性花、双被花、虫媒花是原始的性状。

（3）取消了离瓣花类、合瓣花类、单被花类（柔荑花序类），认为杨柳目与其他柔荑花序类差别大，这与恩格勒系统和哈钦松系统都不同。

（4）草本植物是由木本植物演化而来，双子叶植物中木兰目最原始，单子叶植物中泽泻目最原始；泽泻目起源于双子叶植物的睡莲目。塔赫他间在1980年发表的分类系统中，分被子植物为2纲，10亚纲，28超目。其中木兰纲（双子叶植物纲）包括7亚纲，20超目，71目，333科；百合纲（单子叶植物纲）包括3亚纲，8超目，21目，77科，总计92目，410科。

塔赫他间的分类系统，打破了离瓣花和合瓣花亚纲的传统分法，增加了亚纲，调整了一些目、科，各目、科的安排更为合理。如将连香树科独立为连香树目，将原属毛茛科的芍药属独立成芍药科等，都和当今植物解剖学、染色体分类学的发展相吻合，比以往的系统前进了一步。但不足的是，增设"超目"分类单元，科数过多，似乎太繁杂，不利于学习与应用。

4．柯朗奎斯特系统

柯朗奎斯特（A. Cronquist），美国植物分类学家，1957年在所著《双子叶植物目科新系统纲要》一书中发表了自己的系统，1968年在所著《有花植物分类和演化》一书中进行了修订，1981年又做了修改。其系统要点如下：

（1）采用真花学说及单元起源观点，认为有花植物起源于已灭绝的原始裸子植物种子蕨。

（2）木兰目为现有被子植物中最原始的类群。单子叶植物起源于双子叶植物的睡莲目，由睡莲目发展到泽泻目。

（3）现有被子植物各亚纲之间都不可能存在直接的演化关系。

（4）将被子植物分为木兰纲（双子叶植物）和百合纲（单子叶植物）。木兰纲包括6个亚纲，64目，318科；百合纲包括5亚纲，19目，65科；合计11亚纲，83目，383科。

柯朗奎斯特系统接近塔赫他间系统，但个别亚纲、目、科的安排仍有差异。该系统简化了塔赫他间系统，取消了"超目"，科的数目有了压缩，在各级分类系统的安排上，似乎比前几个分类系统更合理、更完善。但对其中的一些内容和论点，又存在着新的争论。例如，单子叶植物起源问题，塔赫他间和柯朗奎斯特都主张以睡莲目发展为泽泻目，塔赫他间还具体提出了"莼菜——泽泻起源说"。但日本的田村道夫提出了由毛茛目发展为百合目的看法。我国杨崇仁等人在 1978 年，从 5 种化学成分的比较上，也认为单子叶植物的起源不是莼菜——泽泻起源，而应该是从毛茛——百合起源。他们所分析的 5 种化学成分中的异奎琳类（一种生物碱）在单子叶植物中多见于百合科，在双子叶植物中，毛茛科是这种化学成分的分布中心，而睡莲目迄今未发现有这种生物碱的存在。

二、植物界的基本类群

根据植物的形态结构、生活亲缘关系，一般将植物界分为 13 门（图 3-2）。

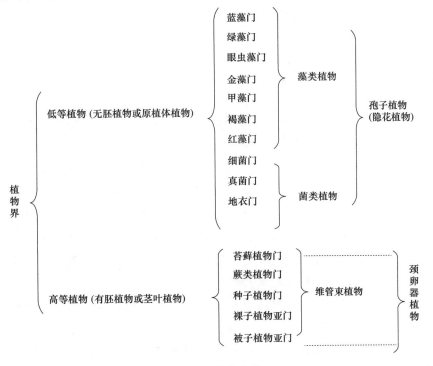

图 3-2　植物分类

※ 巩固训练

调查居住区的园林绿化植物种类。

项目四　裸子植物

项目导入

裸子植物多数为高大乔木、稀灌木或木质藤本。叶多为针形、条形、鳞形、钻形或刺形，稀扇形或其他，故又称为针叶树。花单性、无花被；雌雄同株或异株；雄蕊（小孢子叶）多数，组成雄球花（小孢子叶球）；雌蕊（大孢子叶，在松、柏类中称为珠鳞）不形成封闭的子房，无柱头，成组成束着生，或生于花轴上而形成雌球花（大孢子叶球）；胚珠（大孢子囊）是裸露的，不包于子房内，胚珠发育成种子，种子裸露或有假种皮等包被，不形成真正的果实，裸子植物的名称即由此而来。

裸子植物起源于古生代泥盆纪，距今3.45亿～3.95亿年，经石炭纪、二叠纪，三叠纪至白垩纪为兴盛时期，以后逐渐衰退。经过第四纪冰川后，许多古老的种类灭绝了，仅在某些地区幸存下来的种类，我们称之为孑遗植物或活化石植物，如我国的银杏、水杉、红豆杉、金钱松等。

全世界现有裸子植物4纲9目12科71属，800多种。广布于世界各地，主要分布于北半球温带至寒带地区，以及亚热带的高山地区。我国是裸子植物资源丰富、种类众多的国家，共计4纲9目12科42属245种，包括自国外引种栽培的2科9属52种。

裸子植物有很多是重要的园林绿化观赏树种，有些还有特殊的经济用途，常能组成大面积森林，具有十分重要的生态价值和经济价值。

任务

裸子植物认知

【技能目标】

1. 能够准确识别常见的裸子植物 15 种以上；
2. 能够根据园林设计和绿化的不同要求和本地区环境特点选择适宜的裸子植物。

【知识目标】

1. 了解常见裸子植物在园林景观设计中的作用；
2. 了解常见裸子植物的生长习性；
3. 掌握常见裸子植物的观赏特性及园林应用特色。

【素质目标】

1. 通过对形态相似或相近的裸子植物进行比较、鉴别和总结，培养学生独立思考问题和认真分析、解决实际问题的能力；
2. 通过学生收集、整理、总结和应用有关信息资料，培养学生自主学习的能力；
3. 以学习小组为单位组织学习任务，培养学生团结协作意识和沟通表达能力；
4. 通过对裸子植物不断深入的学习和认识，提高学生的园林艺术欣赏水平和珍爱植物的品行。

【任务设置】

1. 学习任务：了解裸子植物的用途和分类，能够识别常见的裸子植物树种。
2. 工作任务：裸子植物树种调查。请对你所在学校或城市园林绿化中的裸子植物树种进行调查，为日后的绿化提供第一手资料。

【相关知识】

裸子植物是原始的种子植物，其发生发展历史悠久。最初的裸子植物出现在古生代，在中生代至新生代它们是遍布各大陆的主要植物。现代生存的裸子植物有不少种类出现于第三纪，后又经过冰川时期保留下来，并繁衍至今。裸子植物是地球上最早用种了进行有性繁殖的，在此之前出现的藻类和蕨类则都是以孢子进行有性生殖的。据统计，全世界生存的裸子植物约有 850 种。

一、裸子植物概述

（一）主要特征

裸子植物主要有以下特征：植物体（孢子体）发达，多为乔木、稀灌木或木质藤本；胚珠裸露，产生种子，不形成果实；具有颈卵器的构造；传粉时花粉直达胚珠；次生木质部中大多具有管胞，仅在高级种类中具有导管，次生韧皮部中仅有筛胞，无筛管和伴胞；具多胚现象。

（二）用途

裸子植物挺拔苍劲、四季常绿、姿态优美、叶色秀丽、斗寒傲雪，是优良的园林绿化树种，且一直为正气、高尚、长寿、不朽的象征。裸子植物主要有以下用途：

（1）独赏树：又称为孤植树、独植树。主要表现树木的体形美，可以独立成为景物观赏，如雪松、南洋杉、金钱松、日本金松、巨杉（世界爷），这五种树被称作世界五大庭园观赏树种。

（2）庭荫树：又称为绿荫树，主要用以形成绿荫，供游人纳凉避免曝晒，也能起到装饰作用，如银杏、油松、白皮松等。

（3）行道树：以美化、遮阴和防护为目的，在道路两侧栽植的树木，如银杏、桧柏、油松、雪松等。

（4）群丛与片林：在大面积风景区中，常将针叶树种群丛栽植或植为片林，以组成风景林，如松、柏混交林和针、阔混交林，常用树种主要有油松、侧柏、红松、马尾松、云杉、冷杉等。

（5）绿篱及绿雕塑：绿篱主要起分隔空间、划分场地、遮蔽视线、衬托景物、美化环境以及防护等作用。在地叶树种中，常用的绿篱树种主要有侧柏、桧柏等。常用作雕塑材料的树种主要是东北红豆杉。

（6）地被材料：针叶树中常用作地被材料的树种主要有沙地柏、铺地柏等，主要起到遮盖地表、避免黄土露天和固土的作用。

二、园林绿化中常见的裸子植物

在园林绿化中，常见的裸子植物有以下几种：

（一）苏铁（*Cycas revolute* Thunb）（图 4-1）

科属： 苏铁科、苏铁属。

别称： 铁树、凤尾松。

形态特征： 常绿乔木，高可达 8 m。茎干圆柱状，不分枝。茎部密被宿存的叶基和叶痕，并呈鳞片状；叶螺旋状排列，从茎顶部生出，羽状复叶，大型；小叶线形，厚革质，坚硬，有光泽，先端锐尖，叶背密生锈色绒毛，基部小叶成刺状。雌雄异株，花形各异；雄球花圆柱形，黄色，密被黄褐色绒毛，直立于茎顶；雌球花扁球形，雌花扁圆形，浅黄色，紧贴于茎顶。种子 10 月成熟，种子大，卵形而稍扁，熟时红褐色或橘红色。铁树是裸子植物，只有根、茎、叶和种

图 4-1　苏铁

子，没有花这一生殖器官，所以，铁树的花是它的种子。

地理分布： 原产自中国南部，在江西、福建、广东、台湾等省均有种植。

生长习性： 喜光，喜温暖湿润气候，不甚耐寒，喜肥沃湿润和微酸性的土壤，能耐干旱。生长缓慢，寿命可达 200 年，北方常盆栽，10 余年以上的植株可开花。

繁殖方法： 播种、分蘖、埋插繁殖。

园林用途： 苏铁树形奇特、优美，叶片苍翠，似羽毛，四季常青，颇具热带风光的韵味。常布置于花坛中心、孤植或丛植草坪一角，对植门口两侧。也可盆栽，装饰居室，布置大型会场。羽叶用于插花，叶、种子还可入药，茎髓含淀粉可供食用。

（二）银杏（*Ginkgo biloba* L.）（图 4-2）

科属： 银杏科、银杏属。

别称： 白果、鸭掌树、公孙树。

形态特征： 落叶大乔木，树干端直，高达 40 m，胸径 4 m；幼树树皮近平滑，浅灰色，大树之皮灰褐色，不规则纵裂；树冠广卵形，有长短枝。叶扇形，在长枝上呈螺旋状排列，在短枝上 3 ～ 8 枚簇生，有 5 ～ 8 cm 细长叶柄，叶顶端常 2 裂，基部楔形，叶脉叉状。雌雄异株，稀同株，球花单生于短枝的叶腋；雄球花成柔荑花序状；雌球花具长梗，梗端常分两叉，花期 4 ～ 5 月。种子核果状，具长梗，下垂，椭圆形、倒卵形或近球形，9 ～ 10 月成熟。

地理分布： 沈阳以南、广州以北各地均有栽培，变种变型较多。

生长习性： 喜光，深根性，耐干旱，对大气污染有一定抗性，不耐水涝。对土壤的适应性强，在酸性、中性或钙质土壤上均能生长，但以深厚湿润、肥沃、排水良好

的中性或酸性沙质壤土最为适宜。耐寒性较强。寿命可达千年以上，我国有 3 000 年以上的银杏树。

图 4-2　银杏

繁殖方法：以播种、嫁接繁殖最多。

园林用途：银杏树姿挺拔雄伟、古朴有致；叶形奇特秀美，春夏翠绿，深秋金黄，是著名的园林观赏树种。其可作行道树、庭荫树或独赏树，或对植、丛植、孤植及混植，被列为中国四大长寿观赏树种（松、柏、槐、银杏）。

（三）雪松 [*Cedrus deodara*（Roxb.）G.Don]（图 4-3）

科属：松科、雪松属。

别称：香柏、宝塔松、番柏、喜马拉雅山雪松。

形态特征：常绿乔木，高达 75 m，树冠圆锥形。大枝一般平展，为不规则轮生，小枝略下垂。树皮灰褐色，裂成鳞片，老时剥落。叶针状，质硬，先端尖细，叶色淡绿至蓝绿，在长枝上螺旋状散生，在短枝上簇生。雌雄异株，稀同株，花单生枝顶。球果椭圆至椭圆状卵形，成熟后种鳞与种子同时散落，种子具翅。花期 10 ～ 11 月，雄球花比雌球花花期早 10 天左右。球果翌年 10 月成熟。

微课：雪松

地理分布：原产自喜马拉雅山西部，在我国长江流域已有近百年的栽培历史。

生长习性：阳性树种，抗寒性较强，喜温暖，喜土层深厚且排水良好的土壤，浅根性树种。

繁殖方法：一般用播种和扦插繁殖。

图 4-3　雪松

园林用途：雪松体高大，树形优美，为世界著名的观赏树，是"世界五大庭园树木"，印度民间视为圣树。最适宜孤植于草坪中央、建筑前庭的中心、广场中心或主要建筑物的两旁及园门的入口等处。其主干下部的大枝自近地面处平展，长年不枯，能形成繁茂雄伟的树冠。此外，列植于园路的两旁，形成甬道，也极为壮观。雪松也时常作为广场绿化中必不可少的一种植物。

（四）油松（*Pinus tabulaeformis* Carr.）（图4-4）

微课：油松

科属： 松科、松属。

别称： 短叶松、短叶马尾松、红皮松、东北黑松。

形态特征： 常绿乔木，高达30 m，胸径达1 m。树冠幼年塔形，老年伞形。树皮下部呈灰褐色，裂成不规则鳞块，裂缝及上部树皮呈红褐色。大枝平展或斜向上，老树平顶，小枝粗壮，黄褐色。冬芽长圆形，顶端尖，微具树脂，芽鳞红褐色。针叶，2针一束，暗绿色，粗硬，长10～15 cm，边缘有细锯齿，两面均有气孔线；叶鞘初呈淡褐色，后为淡黑褐色。雄球花圆柱形，长

图4-4　油松

1.2～1.8 cm，聚生于新枝下部呈穗状。球果卵形或卵圆形，长4～7 cm，有短柄，与枝几乎成直角，成熟后黄褐色，常宿存几年。花期5月，球果翌年10月上、中旬成熟。

地理分布： 我国特有树种，分布于辽宁、吉林、内蒙古、山西、陕西、山东、甘肃、宁夏、青海等地。

生长习性： 为阳性树种，深根性，喜光、抗瘠薄、抗风，在－25 ℃时仍可正常生长。位居泰山海拔1 400 m处的著名景观树"望人松"即油松，终日风吹雾漫，始终生长良好。但怕水涝、盐碱，在重钙质的土壤上生长不良。

繁殖方法： 播种繁殖。

园林用途： 松树树干挺拔苍劲，四季常青，不畏风雪严寒，被誉为有坚贞不屈、不畏强暴的气魄，象征着革命英雄气概。在园林绿化配植中，宜作行道树、孤植、丛植、群植、混植。适于作油松伴生树种的有元宝枫、栎类、桦木、侧柏等。

（五）白皮松（*Pinus bungeana* Zucc.）（图4-5）

微课：白皮松

科属： 松科、松属。

别称： 白骨松、三针松、白果松、虎皮松、蟠龙松。

形态特征： 常绿针叶乔木，高达30 m，幼树干皮灰绿色，光滑，大树干皮呈不规则片状脱落，形成白褐相间的斑鳞状，极其美观。冬芽红褐色，小枝灰绿色，无毛。叶三针一束，叶鞘早落，针叶短而粗硬，长5～10 cm，针叶横切面呈三角形，叶背有气孔线。雌雄同株异花。球果圆卵形，种鳞边缘肥厚，鳞盾近菱形，横脊显

著，鳞脐平，脐上具三角形刺状短尖，种子卵圆形，有膜质短翅，花期 4～5 月，果两年成熟。

地理分布：我国特有树种，是东亚唯一的三针松，多生于海拔 500～1 800 m 地带，分布于陕西、山西、河南、河北、山东、四川等省。

生长习性：喜光、耐旱、耐干燥瘠薄、抗寒力强，是松类树种中能适应钙质黄土及轻度盐碱土壤的主要针叶树种。在深厚肥沃、向阳温暖、排水良好之地生长最为茂盛，对二氧化碳有较强的抗性。

图 4-5　白皮松

繁殖方法：一般多用播种繁殖。

园林用途：树姿优美，苍翠挺拔；树皮斑驳奇特，碧叶白干，宛若银龙，独具奇观。我国自古以来用于配置皇宫庭院、寺院及名园之中，是一个不错的历史园林绿化传统树种，可对植、孤植、列植或群植成林。

（六）黑松（*Pinus thunbergii* Parl.）（图 4-6）

科属：松科、松属。

别称：白芽松。

微课：黑松

形态特征：常绿乔木，高达 30 m，胸径 2 m，树冠卵圆锥形或伞形。幼树树皮暗灰色，老树皮灰黑色粗厚，裂成鳞状厚片脱落。冬芽银白色，圆柱状，一年生枝淡褐黄色，无毛，无白粉。针叶两针一束、粗硬，长 6～12 cm，径 1.5～2 mm，中生树脂道 6～11 个。4 月开花，花单性，雌花生于新芽的顶端，紫色，多数种鳞（心皮）相重且排成球形；雄花生于新芽的基部，黄色成熟时，多数花粉随风飘出。球果圆锥状卵形、卵圆形，鳞盾肥厚。

图 4-6　黑松

地理分布：原产自中国、琉球及朝鲜半岛东部等沿海地区。中国山东、江苏、安徽、江西、浙江、福建等沿海诸省普遍栽培。

生长习性：阳性树种，喜光，耐寒冷，不耐水涝，耐干旱、瘠薄及盐碱土。适宜长在温暖湿润的海洋性气候区域。喜微酸性砂质壤土，最宜在土层深厚、土质疏松且含有腐殖质的砂质土壤处生长。因其耐海雾，抗海风，也可在海滩盐土地方生长。生长慢，寿命长。黑松一年四季常青，抗病虫能力强。

繁殖方法：以有性繁殖为主，也可用营养繁殖。其中，枝插和针叶束插均可获得成功，但难度比较大，生产上仍以播种育苗为主。苗床播种、容器育苗应用都很普遍。

园林用途：黑松最适宜做海崖风景林、防护林、海滨行道树、庭荫树。公园和绿地内整枝造型后配置假山、花坛或孤植草坪。也可用于道路、小区、工厂、广场绿化等，绿化效果好，恢复速度快，而且价格低。

（七）红皮云杉（*Picea koraiensis* Nakai.）（图 4-7）

科属：松科、云杉属。

别称：虎尾松、红皮臭、高丽云杉。

形态特征：常绿乔木，高达 35 m，胸径 1 m。树冠尖塔形，大枝平展或稍斜伸，小枝上有明显的木针状叶枕；树皮呈灰褐色或淡红褐色，裂成不规则薄条片脱落，冬芽圆锥形。叶四棱状条形，长 1.2 ～ 2.2 cm，先端尖，

图 4-7　红皮云杉

四面有气孔线。球果圆柱形，长 5 ～ 8 cm，熟后呈绿黄色或褐色；种鳞倒卵形，尖端圆形或微尖，露出的部分光滑，无纵纹，种子上端有膜质长翅。花期 5 ～ 6 月，种子10 月成熟。

地理分布：吉林、东北等省。

生长习性：耐阴，耐干旱，耐寒，生长较快，浅根性，易风倒。

繁殖方法：播种繁殖。

园林用途：树姿优美，可作为独赏树、行道树、风景林及"四旁"绿化的优良树种。

（八）青扦（*Picea wilsonii* Mast.）（图 4-8）

科属：松科、云杉属。

别称：黑扦松、刺儿松、华北云杉。

形态特征：乔木，高达 50 m，胸径达 1.3 m，树冠塔形。一年生枝淡黄绿色或淡黄灰色，无毛，罕疏生短毛，二、三年生枝淡灰色、灰色或淡褐灰色；冬芽卵圆形，无树脂，芽鳞排列紧密，淡黄褐色或褐色，先端钝，背部无纵脊，光滑无毛，小枝基部

宿存芽鳞的先端紧贴小枝。叶四棱状条形，弯曲，呈粉状青绿色，先端尖，四面有气孔线，叶长 1 ～ 2 cm，叶在枝上呈螺旋状排列。球果卵状圆柱形或圆柱状长卵圆形，成熟前绿色，熟时黄褐色或淡褐色，长 5 ～ 8 cm，径 2.5 ～ 4 cm。花单性，雌雄同株，4 月开花，10 月球果成熟。

图 4-8　青扦

地理分布：我国特有树种，在内蒙古、河北、山西、陕西、甘肃、湖北、四川、青海等地均有分布。

生长习性：耐阴、耐寒、耐全光、适应性强，在土壤湿润、深厚、排水良好的微酸性地带生长良好，也能适应微碱性土壤。在自然界中有纯林，也常与白扦、白桦、山杨等混生。

繁殖方法：以播种繁殖为主，也可扦插。

园林用途：树冠枝叶繁密，层次清晰，观赏价值较高，是一种极为优良的园林绿化观赏树种。

（九）白扦（*Picea meyeri* Rehd.et.Wils.）（图 4-9）

科属：松科、云杉属。

别称：红扦、白儿松、罗汉松、钝叶杉。

形态特征：常绿乔木，高达 30 m，胸径约 60 cm。树皮灰褐色，裂成不规则的薄块片脱落；大枝近平展，树冠塔形；小枝有密生或疏生短毛或无毛，一年生枝黄褐色，二、三年生枝淡黄褐色、淡褐色或褐色；冬芽圆锥形，微有树脂。叶四棱状条形，微弯曲，长 1.3 ～ 3 cm，先端钝尖或钝，横切面四棱形，四面有白色气孔线。球果成熟前绿色，熟时褐黄色，矩圆状圆柱形，长 6 ～ 9 cm，径 2.5 ～ 3.5 cm；种鳞倒卵形，先端圆或钝三角形，鳞背露出部分有条纹；种子倒卵圆形，长约 3.5 mm，种翅淡褐色，倒宽披针形，连种子长约 1.3 cm。花期 4 ～ 5 月，球果 9 ～ 10 月成熟。

图 4-9　白扦

地理分布：我国特有树种，分布于河北、山西、陕西及内蒙古等地海拔 1 600 ～ 2 700 m 的高山地带。我国北方多有栽培，如北京、沈阳、山西及江西庐山也有栽培。

生长习性：阴性树种，耐寒，喜湿润气候，适宜生长在中性及微酸性土壤，也可生长在微碱性土壤。

繁殖方法：播种繁殖。

园林用途：树形端正，枝叶茂密，下枝能长期存在，最适孤植，也可丛植或作行道树。

（十）侧柏［*Platycladus orientalis*（Linn.）Franco］（图4-10）

科属：柏科、侧柏属。

别称：黄柏、香柏、扁柏、扁桧、香树、香柯树。

形态特征：常绿乔木，树高一般达20 m，干皮淡灰褐色，条片状纵裂，小枝排成平面。幼树树冠卵状尖塔形，老时广圆形，叶、枝扁平，排成一平面，两面同型。全部鳞叶，叶二型，中央叶倒卵状菱形，背面有腺槽，两侧叶船形，中央叶与两侧叶交互对生，雌雄同株异花，雌雄花均单生于枝顶。球果阔卵形，近熟时蓝绿色被白粉，种鳞木质，红褐色，种鳞4对，熟时张开，背部有一反曲尖头，种子脱出；种子卵形，灰褐色，无翅，有棱脊。花期3～4月，种熟期9～10月。

侧柏的品种多，在国内外较多应用的品种如下：

（1）千头柏（子孙柏、扫帚柏）（cv. Sieboldii）：丛生灌木，无明显主干，高3～5 m，枝密生，直伸，树冠呈紧密的卵圆形或球形。叶绿色。

（2）金塔柏（金枝侧柏）（cv. beverleyensis）：小乔木，树冠窄塔形，叶金黄色。

（3）洒金千头柏（金枝千头柏）（cv. Aurea Nana）：矮生密丛，树冠圆形至卵形，高1.5 m，叶淡黄绿色，入冬略转褐绿色。

（4）金黄球柏（金叶千头柏）（cv. Semperaurescens）：矮形紧密灌木，树冠近球形，高达3 m，叶全年金黄色。

地理分布：内蒙古、河北、北京、山西、山东、河南、陕西、甘肃，南至福建、广东、四川、贵州、云南等地均有栽培，几遍全国。

生长习性：喜光，喜温暖湿润气候，也能耐旱和较耐寒。喜深厚肥沃、湿润、排水良好的钙质土壤，但在酸性、中性或微盐碱土上也能生长，抗盐性很强。对二氧化硫、氯化氢等有害气体有一定的抗性。浅根性，侧根发达，萌芽性强，耐修剪；生长偏慢，寿命极长，可达2 000年以上。

繁殖方法：播种繁殖。

园林用途：我国广泛应用的园林树种之一，自古以来多栽于寺庙、陵墓地和庭园。在园林中须成片种植，以与圆柏、油松、黄栌、臭椿等混交为佳。在风景区和园林绿化中要求艺术效果较高时，可与圆柏混交，能形成较统一且犹如纯林又优于纯林的效果，并有防止病虫蔓延之效。可用于道旁庇荫或作绿篱，也可栽于工厂和"四旁"绿化。品种常用作花坛中心植，装饰建筑、雕塑、假山石及对植入口两侧。

(a)   (b)   (c)

图 4-12 侧柏

（a）侧柏；（b）千头柏；（c）金叶千头柏（金黄球柏）

（十一）圆柏［*Sabina chinensis*（L.）Ant.］（图 4-13）

科属： 柏科、圆柏属。

别称： 柏树、桧、桧柏。

形态特征： 常绿乔木，高 20 m，胸径 3～5 m。树冠尖塔形或圆锥形，树皮灰褐色，裂成长条片，成狭条纵裂脱落。叶深绿色，有两型，幼树全为刺形叶，3 叶轮生，长 6～12 mm，上面微凹，有两条白粉带，基部下延生长，无关节；老树多为鳞形叶，交叉对生；壮龄树则刺形与鳞形叶并存。雌雄异株，稀同株，球花均单生于枝顶；雄球花有 5～7 对雄蕊；雌球花有珠鳞 4～8 枚。球果肉质浆果状，近球形，径 6～8 mm，熟时暗褐色，被白粉，不开裂，内有种子 1～4 粒，卵圆形，先端钝，有棱脊，无翅。花期 4 月，球果多为翌年 10～11 月成熟。

图 4-11 圆柏

（a）鳞叶；（b）针叶

变种、变型及品种如下：

（1）偃柏［var. *sargentii*（Henry）Cheng et.L.K.Fu］：野生变种，匍匐灌木，小枝上伸成密丛状，树高 0.6～0.8 m。老树多鳞形叶，幼树刺形叶，交叉对生，排列紧密。球果带蓝色，被白粉，内具种子 3 粒。

（2）龙柏（cv. Kaizuca）：树冠柱状塔形，侧枝短而环抱主干，端梢扭曲斜上展，形似"龙抱柱"；小枝密，全为鳞形叶，密生，幼叶淡黄绿色，后呈翠绿色。球果蓝黑色，微被白粉。

（3）球柏（cv. Globosa）：丛生灌木，树冠近球形，枝密生；叶多为鳞形叶，间有刺叶。

（4）鹿角柏（cv. Pfitzeriana）：丛生灌木，干枝自地面向四周斜上伸展。

（5）塔柏（cv. Pyramidalis）：树冠圆柱状或圆柱状尖塔形；枝密生，向上直展；叶多为刺形，稀有鳞叶。

地理分布： 原产于我国东北南部及华北等地。北至内蒙古及辽宁，南达华南北部，东起沿海，西至四川、云南、陕西、甘肃等地均有分布。

生长习性： 喜光，幼树耐庇荫，喜温凉气候，较耐寒。在酸性、中性及钙质土上均能生长，但以深厚、肥沃、湿润、排水良好的中性土壤生长最佳。耐干旱瘠薄，深根性，耐修剪，易整形，寿命长。对二氧化硫、氯气和氟化氢等多种有毒气体抗性强，阻尘和隔声效果良好。

繁殖方法： 播种、扦插，也可嫁接繁殖。

园林用途： 圆柏幼龄树树冠整齐呈圆锥形，树形优美，大树干枝扭曲，姿态奇古，可以独树成景，是我国传统的园林树种。多配植于庙宇、陵墓作墓道树和纪念树。宜与宫殿式建筑相配合，能起到相互呼应的效果。古庭院、古寺庙等风景名胜区多有千年古柏，"清""奇""古""怪"各具幽趣，可群植、丛植、作绿篱或用于工矿区绿化。应用时应注意勿在苹果及梨园附近栽植，以免锈病多发。其品种、变种根据树形，可对植、列植、中心植或作盆景、桩景等。

（十二）铺地柏 [*Sabina procumbens*（Endl.）Iwata et Kusaka]（图 4-12）

科属： 柏科、圆柏属。

别称： 爬地柏、矮桧、匍地柏、偃柏、铺地松、铺地龙、地柏。

形态特征： 常绿匍匐小灌木，高达 75 cm，枝条沿地面扩展，褐色，密生小枝，枝梢及小枝向上斜展。刺形叶三叶交叉轮生，条状披针形，先端渐尖成角质锐尖头，长 6 ～ 8 mm，上面凹，有两条白粉气孔带，气孔带常在上部汇合，绿色中脉仅下部明

图 4-12　铺地柏

显，不达叶的先端，下面凸起，蓝绿色，沿中脉有细纵槽。球果近球形，被白粉，熟时黑色，径为 8 ～ 9 mm，有 2 ～ 3 粒种子，种子长约 4 mm，有棱脊。

地理分布： 原产自日本。北京、天津、山东、河南、上海、南京、青岛、昆明等

地均有引种栽培。

生长习性：喜光，稍耐阴，适合生长在滨海湿润气候及石灰质的肥沃土壤，忌低湿。耐寒、萌生力均较强。

繁殖方法：用扦插法易繁殖，但需注意日常养护管理。

园林用途：枝叶翠绿，蜿蜒匍匐，颇为美观，是理想的地被植物。在园林中，可配植于岩石、斜坡、草坪角隅，群植、片植，创造大面积平面美，可盆栽，悬垂倒挂，古雅别致。

（十三）沙地柏（*Sabina vulgaris* Ant.）（图 4-13）

科属：柏科、圆柏属。

别称：叉子圆柏、新疆圆柏。

形态特征：匍匐灌木，高不及 1 m，稀灌木或小乔木。枝密，斜上伸展，枝皮灰褐色，裂成薄片脱落；一年生枝的分枝皆为圆柱形，径约 1 mm。叶二

图 4-13　沙地柏

型：刺叶常生于幼树上，稀在壮龄树上与鳞叶并存，常交互对生或兼有三叶交叉轮生，排列较密，向上斜展，长 3 ～ 7 mm，先端刺尖，上面凹，下面拱圆，中部有长椭圆形或条形腺体；鳞叶交互对生，排列紧密或稍疏，斜方形或菱状卵形，长 1 ～ 2.5 mm，先端微钝或急尖，背面中部有明显的椭圆形或卵形腺体。雌雄异株，稀同株；雄球花椭圆形或矩圆形，长 2 ～ 3 mm，雄蕊 5 ～ 7 对，各具 2 ～ 4 花药；雌球花曲垂或初期直立而随后俯垂。球果生于向下弯曲的小枝顶端，熟前蓝绿色，熟时褐色至紫蓝色或黑色，略有白粉，有 1 ～ 4 或 5 粒种子，多为 2 ～ 3 粒，形状各样，多为倒三角状球形，长 5 ～ 8 mm，径 5 ～ 9 mm；种子常为卵圆形，微扁，长 4 ～ 5 mm，顶端钝或微尖，有纵脊与树脂槽。

地理分布：主要分布于内蒙古、陕西、新疆、宁夏、甘肃、青海等地。主要培育基地有江苏、浙江、安徽、湖南等地。

生长习性：一般分布在固定和半固定沙地上，经驯化后，在沙盖黄土丘陵地及水肥条件较好的土壤上生长良好。根系发达，萌芽力和萌蘖力强。喜光，喜凉爽干燥的气候，耐寒、耐旱、耐瘠薄，对土壤要求不高，不耐涝，在肥沃通透的土壤生长较快。

繁殖方法：播种或扦插繁殖。

园林用途：沙地柏生长快、枝叶密、树体矮、不落叶、封闭严密，可作为地被栽培，也是篱笆栽培的良好材料。对污浊空气具有很强的耐力，常用于城市绿化中。可丛植于窗下、门旁，极具点缀效果，也可配植于草坪、花坛、山石及林下，增加绿化

层次，丰富观赏美感。

（十四）刺柏（*Juniperus formosana* Hayata）（图 4-14）

科属：柏科、刺柏属。

别称：璎珞柏、台湾柏、桧柏、红柏、红心柏、圆柏、珍珠柏。

图 4-14　刺柏

形态特征：常绿小乔木，高达 12 m，胸径 2.5 m；树皮灰褐色，纵裂，呈长条薄片脱落；树冠塔形，大枝斜展或直伸，小枝下垂，三棱形。叶全部刺形，坚硬且尖锐，长 12 ～ 20 mm，宽 1.2 ～ 2 mm，三叶轮生，先端尖锐，基部不下延；表面平凹，中脉绿色而隆起，两侧各有 1 条白色气孔带，较绿色的边带宽；背面深绿色而光亮，有纵脊。雌雄同株或异株，球果近圆球形，肉质，直径 6 ～ 10 mm，顶端有 3 条皱纹和三角状钝尖凸起，淡红色或淡红褐色，成熟后顶端开裂，有 1 ～ 3 粒种子。种子半月形，有 3 棱，两年成熟，熟时淡红褐色。花期 4 月，果需两年成熟。

地理分布：东起台湾，西至西藏，西北至甘肃，青海、长江流域各地均有分布。

生长习性：喜光、耐寒、耐旱，主侧根均很发达，在干旱沙地、向阳山坡及岩石缝隙处均可生长。

繁殖方法：播种或嫁接繁殖。

园林用途：树姿优美，小枝细弱下垂；树干苍劲，针叶细密油绿且冬夏常青，果红褐或蓝黑色，为优良的园林绿化树种，可孤植、列植形成特殊景观。在北方园林中可搭配应用，是良好的海岸庭园树种之一，同时也是制作盆景的好素材，红棕色或橙褐色的球果经久不落。

※ 任务实施

1. 接受任务

（1）学生分组：4 ～ 6 人 / 组，每组选出一名组长；

（2）由教师分配各组的调查区域。

2. 制定调查方案

每个调查小组的组长带领本组成员制定调查方案，方案内容应包括调查目的、组内分工、调查范围、调查路线、调查时间、调查方法和调查成果等。

3. 调查准备

（1）查找资料，形成初步的园林绿化裸子植物名录；

（2）确定常见裸子植物的识别特征；

（3）设计记录表格，准备调查工具，如照相机等。

4. 外业调查

按照确定的调查路线，识别和记录每种用于园林绿化的裸子植物，拍摄每种植物的识别特征照片和全景照片，并填写表4-1。

表4-1 （地区名）园林绿化裸子植物调查表

序号	植物名称	照片编号	分布区域	数量	生长情况
1					
2					
...					

5. 内业整理

查找相关资料，并对调查的植物进行整理与鉴定，同时完善园林绿化裸子植物名录。

6. 调查报告

根据调查的结果，每个小组自行设计格式写出一份调查报告，报告内容应包括调查目的、组内分工、调查范围、调查路线、调查时间、调查方法和调查成果（如种类、数量、生长情况分析）等。

 ※ 任务考核

园林绿化裸子植物调查考核标准参考表4-2。

表4-2 园林绿化裸子植物调查考核标准

考核项目	考核内容	分值/分	分数	考核方式
调查方案	内容完整，方案执行分工明确	10		分组考核
调查准备	名录编写正确，材料准备充分	10		分组考核
外业调查	按照预定方案执行，调查资料全面、无遗漏	10		分组考核
内业整理	植物定名正确，资料整理清楚	10		分组考核
调查报告	内容全面、数据准确、分析合理	10		分组考核
裸子植物识别能力	正确命名	10		单人考核
	识别特征	20		
	科属判断	10		
团队协作	互帮互助，合作融洽	10		单人考核

世界五大庭院观赏树

金钱松、南洋杉、雪松、巨杉、日本金松被称为世界五大庭院观赏树。

1. 金钱松

金钱松（图 4-15）又叫作金松、水松，是落叶大乔木，属松科。树干通直，高可达 40 m，胸径 1.5 m。树皮深褐色，深裂成鳞状块片。枝条轮生而平展，小枝有长短之分。叶片条形，扁平柔软，在长枝上成螺旋状散生，在短枝上 15 ～ 30 枚簇生，向四周辐射平展，秋后变为金黄色，圆如铜钱，因此而得名。金钱松的花雌雄同株，雄

图 4-15 金钱松

花球数个簇生于短枝顶端，雌花球单个生于短枝顶端。花期 4 ～ 5 月，球果 10 月上旬成熟。种鳞会自动脱落，种子有翅，能随风传播。

金钱松是我国特有的树种，为国家二级保护植物。叶片入秋后会变成金黄色，十分漂亮壮观，为珍贵的观赏树木之一。金钱松常作为庭院或公园的观赏树，可孤植、丛植、列植或用作风景林都十分漂亮。

2. 南洋杉

南洋杉（图 4-16）是我国南方较常见的常绿乔木。叶锥形、鳞形、宽卵形或披针形，螺旋状排列或交叉对生。球花雌雄异株，稀同株；雄球花圆柱形，有雄蕊多数，每雄蕊有 4 ～ 20 个悬垂的花药，排成内外两列，花粉无气囊；雌球花椭圆形或近球形，由多数螺旋状排列的苞鳞组成，苞鳞上面有一与其合生的珠鳞（大苞子叶），胚珠与珠鳞合生或珠鳞不发育，胚珠离生。球果成熟时苞鳞木质或革质；种子扁平无翅，或两侧有翅，或顶端具翅，子叶 2 枚，稀 4 枚。

图 4-16 南洋杉

南洋杉树形高大，姿态优美，最宜独植作为园景树或作纪念树，也可作行道树，但以选无强风地点为宜，以免树冠偏斜。南洋杉又是珍贵的室内盆栽装饰树种，可孤植、列植或配植在树丛内，也可作为大型雕塑或风景建筑背景树。

3. 雪松

雪松（图 4-17），又名香柏，顾名思义十分地耐寒，在 –20 ℃的环境中也能健康生长。雪叠在翠绿的叶片上，绿白相间，非常美观，是观赏价值非常高的一个树种。雪松还是我国南京市的市树。

4. 日本金松

日本金松（图 4-18），乔木，在原产地高达 40 m，胸径 3 m。枝近轮生，水平伸展，树冠尖塔形；树皮淡红褐色或灰褐色，裂成条片脱落。球果卵状矩圆形，有短梗，长 6 ～ 10 cm，径 3.5 ～ 5 cm；种鳞宽楔形或扇形，宽 1.2 ～ 2 cm，先端宽圆，边缘薄、向外反卷，腹面与背面覆盖部分均有细毛；苞鳞先端分离部分三角形而向后反曲；种子扁，矩圆形或椭圆形，连翅长 8 ～ 12 mm，宽约 8 mm。

日本金松可以作为公园、庭院观赏树或防火树来使用。外形就像是一把大的雨伞，颇具趣味。它也是一种很耐寒的植物，不过生长速度相对较慢。

图 4-17　雪松　　　　　　　　　　图 4-18　日本金松

5. 巨杉

巨杉（图 4-19），常绿巨乔木，在原产地高过 100 m，胸径达 10 m。干基部有垛柱状膨大物；树皮深纵裂，厚 30 ～ 60 cm，呈少绫质；树冠圆锥形。冬芽小而裸；小枝初现绿色，后变淡褐色。叶鳞状钻形，螺旋状排列，下部贴生小枝，上部分离部分长 3 ～ 6 mm，先端锐尖，两面有气孔。雌雄同株，球果椭圆形，长 5 ～ 8 cm，种鳞盾形，顶部有凹框，幼时中央有刺尖，淡褐色长 3 ～ 6 mm，两侧有翅。球果次年成熟，子叶 4（3 ～ 5）片。巨杉为世界著名的树种之一，雄伟壮观，浓荫蔽日，可当作园景树。

图 4-19　巨杉

项目五 被子植物

项目导入

　　大约1亿年前，裸子植物由盛而衰，被子植物得到发展，成为地球上分布最广、种类最多的植物。被子植物（Angiosperm）又名绿色开花植物，在分类学上常称为被子植物门。被子植物也叫作显花植物、有花植物，它们拥有真正的花，这些美丽的花是它们繁殖后代的重要器官，也是它们区别于裸子植物及其他植物的显著特征。被子植物是植物界最高级的一类，是地球上最完善、适应能力最强、出现得最晚的植物，自新生代以来，它们在地球上占据着绝对优势。有1万多属，约30万种，占植物界的一半。它们形态各异，包括高大的乔木、矮小的灌木、藤本及一些草本植物。

任务一

·乔木园林植物认知·

【技能目标】

1. 能够准确识别 50 种以上常见的乔木园林植物；
2. 能够正确认识乔木园林植物的观赏特性及观赏期；
3. 能够在园林设计中正确选择和应用乔木园林植物。

【知识目标】

1. 了解常见乔木园林植物在园林景观设计中的作用；
2. 了解常见乔木园林植物的生长习性；
3. 掌握本地区园林绿化中常见的乔木植物的种类；
4. 掌握常见乔木园林植物的观赏特性及园林应用特色。

【素质目标】

1. 通过对形态相似或相近的乔木园林植物进行比较、鉴别和总结，培养学生独立思考问题和认真分析、解决实际问题的能力；
2. 通过学生收集、整理、总结和应用有关信息资料，培养学生自主学习的能力；
3. 以学习小组为单位组织学习任务，培养学生团结协作意识和沟通表达能力；
4. 通过对乔木园林树种不断深入的学习和认识，提高学生的园林艺术欣赏水平和珍爱植物的品行。

【任务设置】

1. 学习任务：了解园林绿化中乔木植物的作用；能够识别生活区域中常见的乔木植物。
2. 工作任务：乔木植物调查。请调查你所在学校或城市园林绿化中的乔木植物，并根据调查结果对绿化中乔木植物的配置提出合理化的建议。

【相关知识】

乔木是指具有明显直立主干、树体高 6 m 以上的木本植物。在目前的乔木中，针叶植物较少，绝大部分属于阔叶植物，如最常见的行道树杨、柳、槐、榆、桑、枸、栾、泡桐、玉兰等，果树也都是阔叶乔木，如苹果、梨、桃、杏、李、枣、山楂、核桃、板栗、荔枝、龙眼等，常见的针叶乔木如松、柏、杉，通常为裸子植物，因此，这里所说的乔木园林树种是指阔叶乔木园林树种。

一、阔叶乔木在园林中的应用

园林绿化工作的主体是园林植物，其中，阔叶乔木占有很大比例。阔叶乔木不但具有美化和观赏功能，而且在改善小气候、保持水土、降低噪声、吸收和分解污染物等方面作用巨大。此外，阔叶乔木能够起到防护、改善城市生态环境、提高居民生活质量，以及为野生生物提供适宜的栖息场所等作用。

二、常见的阔叶乔木绿化树种

下面介绍一些在园林绿化中常见的阔叶乔木树种。

微课：白玉兰、广玉兰识别与应用

1. 白玉兰（*Magnolia denudate* **Desr.**）（图 5-1）

科属：木兰科、木兰属。

别称：望春花、玉兰花。

形态特征：落叶乔木，高可达 15～25 m，树冠卵形，幼枝及芽具柔毛。叶单叶互生，倒卵形，10～18 cm，宽 6～12 cm，先端突尖，故又称为凸头玉兰，中部以下渐狭楔形，基部楔形，全缘；叶柄 2～2.5 cm，托叶与叶柄贴生。花大，白色，芳香，单生于枝顶，花萼与花瓣相似，共 9 片，排列成钟状。聚合蓇葖果。早春先叶开花，果期 9～10 月。

地理分布：原产于长江流域，在庐山、黄山、峨眉山、巨石山等处尚有野生，现今世界各地庭园常见栽培。白玉兰为我国著名的传统观花植物，已有 2 500 多年的栽培历史。

图 5-1 白玉兰

生长习性：喜光，较耐寒，可露地越冬。喜肥沃、排水良好且带微酸性的砂质土壤，在弱碱性的土壤上也可生长。在气温较高的南方，12 月至翌年 1 月即可开花。玉兰花对二氧化硫、氟化氢和氯等有害气体抗性较强。

繁殖方法：可采用嫁接、压条、扦插、播种等方法，但最常用的是嫁接和压条两种。

园林用途：白玉兰先花后叶，花洁白、美丽且清香，早春开花时犹如雪涛云海，蔚为壮观。古时常在住宅的厅前院后配置，名为"玉兰堂"，也可在庭园路边、草坪角隅、亭台前后或漏窗内外、洞门两旁等处种植，孤植、对植、丛植或群植均可。对二氧化硫、氯等有毒气体抵制抗力较强，可以在大气污染较严重的地区栽培。

2. 广玉兰（*Magnolia grandiflora* Linn.）（图 5-2）

科属：木兰科、木兰属。

别称：大花玉兰、荷花玉兰、洋玉兰。

形态特征：常绿大乔木，高可达 30 m，树冠卵状圆锥形。树皮灰色，平滑；小枝灰褐色，芽鳞红褐色，小枝和芽均有锈色柔毛。叶厚革质，长椭圆形，长 10～20 cm，表面

图 5-2 广玉兰

有光泽，亮绿色，背面有锈色柔毛，边缘微反卷。花大而白，单生枝顶，芳香，直径达 20～30 cm，花通常为 6 瓣，有时多为 9 瓣，宛若荷花，故又名"荷花玉兰"。聚合蓇葖果有锈色毛，种子外皮红色。花期 5～7 月，果熟期 9～10 月。

地理分布：原产于美国东南部，分布在北美洲和中国的长江流域及以南，北方如北京、兰州等地，已由人工引种栽培。它是江苏省常州市、南通市、连云港市，安徽省合肥市，浙江省余姚市的市树，在长江流域的上海、南京、杭州也比较多见。

生长习性：喜光，幼时稍耐阴，喜温湿气候，有一定抗寒能力，适合生长在干燥、肥沃、湿润与排水良好的微酸性或中性土壤，在碱性土壤种植易发生黄化，忌积水、排水不良。对烟尘及二氧化碳气体有较强抗性，病虫害少。根系深广，抗风力强，特别是播种苗树干挺拔，树势雄伟，适应性强。

繁殖方法：可用播种、压条和嫁接三种方法繁殖，主要是嫁接法，用嫁接法繁殖的广玉兰小苗生长快，开花早，很受欢迎。

园林用途：叶厚而有光泽，花大而香，树姿雄伟壮丽，为珍贵的树种之一。其聚合果成熟后，蓇葖开裂露出鲜红色的种子也颇美观。最宜单植在宽广开旷的草坪上或配植成观赏的树丛。由于其树冠庞大，花开于枝顶，故在配置上不宜植于狭小的庭院内，否则不能充分发挥其观赏效果。可孤植、对植或丛植、群植配置，也可作行道树。

3. 紫玉兰（*Magnolia liliflora* Desr.）（图 5-3）

科属：木兰科、木兰属。

别称：木兰、辛夷、木笔。

形态特征：落叶乔木，高达 3～5 m，树皮灰褐色，木质有香气，小枝绿紫色或淡褐紫色，有明显皮孔。叶椭圆状倒卵形或倒卵形，长 8～18 cm，宽 3～10 cm，上面深绿色，下面灰绿色，沿脉有短柔毛；叶柄长为 8～20 mm，托叶痕约为叶柄长

之半。花蕾卵圆形，被淡黄色绢毛；花先叶开放或花叶同时开放，花被片 9～12，外轮 3 片萼片状，紫绿色，披针形长 2～3.5 cm，常早落，内两轮肉质，外面紫色或紫红色，内面带白色，花瓣状，椭圆状倒卵形，花丝深紫红色。聚合蓇葖果，深紫褐色，圆柱形，花期 3～4 月，果期 8～9 月。

图 5-3　紫玉兰

地理分布： 产自福建、湖北、四川、云南西北部。生于海拔 300～1 600 m 的山坡林缘。

生长习性： 喜温暖湿润和阳光充足的环境，不耐阴，较耐寒，喜肥沃、湿润、排水良好的土壤，忌黏质土壤，不耐盐碱；肉质根，忌水湿；根系发达，萌蘖力强。

繁殖方法： 有分株、压条、扦插、播种等繁殖方法。

园林用途： 适用古典园林中厅前和院后配植，也可孤植或散植于小庭院内。常用于园林观赏，种植在小区、园林、学校、事业单位、工厂、山坡、庭院、路边、建筑物前。

4. 鹅掌楸［*Liriodendron chinense*（Hemsl.）Sarg.］（图 5-4）

科属： 木兰科、鹅掌楸属。

别称： 马褂木、鸭掌树。

形态特征： 落叶大乔木，高可达 40 m，胸径 1 m 以上，小枝灰色或灰褐色，主杆通直树姿端正。叶端常截形，两侧各具一凹裂，全形似马褂，故又名马褂木。叶背密生白粉状凸起，无毛。花两性，杯状，黄绿色，花被片 9，外轮 3 片，绿色，萼片状，向外弯垂，内两轮 6 片、直立，花瓣状，倒卵形，长 3～4 cm，绿色。聚合翅果由小坚果组成。花期 4～5 月，果期 9～10 月。

地理分布： 产自于我国长江以南各省区。现华北地区有栽培，东北南部引种成功。

生长习性： 喜光及温和湿润气候，有一定的耐寒性，喜深厚肥沃、适湿且排水良好的酸性或微酸性土壤（pH 值为 4.5～6.5），在干旱土地上生长不良，也忌低湿水涝，生于海拔 900～1 000 m 的山地林中。

繁殖方法： 播种繁殖，也可扦插繁殖。

园林用途： 因冠形端正，叶形奇特，花如金盏，古雅别致，既是世界珍贵树种之一，也是优良的庭荫树种。其无论丛植、列植或片植于草坪、公园入口处，均有独特的景观效果，对有害气体的抵抗性较强，也是工矿区绿化的优良树种之一。

图 5-4　鹅掌楸

5. 梧桐［*Firmiana simplex*（L）W.F.Wight.］（图 5-5）

科属：梧桐科、梧桐属。

别称：青桐、桐麻。

微课：梧桐识别与应用

形态特征：落叶乔木，高达 15～20 m，树冠卵圆形。树干端直，干枝翠绿色，平滑，侧枝每年阶状轮生。叶掌状 3～5 裂，直径 15～30 cm，裂片三角形，顶端渐尖，基部心形，两面均无毛或略披短柔毛，叶柄与叶片等长。花单性，无花瓣；花萼裂片条形，长约 1 cm，淡黄绿色，开展或反卷，外面披淡黄色短柔毛。圆蓇葖果膜质，有柄，成熟前开裂成叶状，长 6～11 cm、宽 1.5～2.5 cm，外面短茸毛或无毛，每个蓇葖果有 2～4 个种子；种子圆球形，表面有皱纹，直径约 7 mm。花期 6～7 月，果熟期 9～10 月。

地理分布：主产于浙江、福建、江苏、安徽、江西、广东、湖北等省份，从海南岛到山东、北京、河北均有分布，也分布于日本、朝鲜、韩国，多为人工栽培。

图 5-5　梧桐

生长习性：喜光、喜温暖气候，不耐寒。适合生长在肥沃、湿润的砂质壤土，喜碱。根肉质，不耐水渍，深根性，直根粗壮；萌芽力弱，一般不宜修剪。生长较快，寿命较长，能活百年以上，在生长季节受涝 3～5 天即烂根致死。春季萌发较晚，而秋天落叶早，故有"梧桐一叶落，天下尽知秋"之说。对多种有毒气体都有较强抗性，怕病毒病，怕大袋蛾，怕强风。

繁殖方法：以播种繁殖为主，也可扦插和分根繁殖。

园林用途：梧桐树树干高大而粗壮，枝叶茂盛，树冠呈卵圆形，树干端直，树皮青绿平滑，侧枝粗壮，翠绿色。生长迅速，易成活，耐修剪，所以广泛栽植作行道绿化树种；对二氧化硫、氯气等有毒气体有较强的对抗性，叶、花、根及种子均可入药。常用于园林观赏，种植在小区、园林、学校、事业单位、工厂、山坡、庭院、路边、建筑物前。

6. 三球悬铃木（*Platanus orientalis* **Linn.**）（图 5-6）

科属：悬铃木科、悬铃木属。

别称：法桐、悬铃木。

微课：悬铃木识别与应用

形态特征：落叶大乔木，高达 30 m，树皮薄片状脱落；嫩枝被黄褐色绒毛，老枝秃净，干后红褐色，有细小皮孔。叶大，阔卵形，宽 9～18 cm，长 8～16 cm，基部浅三角状心形，或近于平截，上部掌状 5～7 裂，稀为 3 裂，中央裂片深裂过半，长 7～9 cm，宽 4～6 cm，两侧裂片稍短，边缘有少数裂片状粗齿，上下两面初时被灰黄色毛，以后脱落，仅在背脉上有毛；叶柄长 3～8 cm，圆柱形，被绒毛，基部膨大；托叶小，短于 1 cm。花被数 4，雌性球状花序常有柄。球果常 3～6 球成一串，有刺毛状宿存花柱。花期 4～5 月，果期 9～10 月。

图 5-6　三球悬铃木

地理分布：原产自欧洲东南部及亚洲西部，我国西北及山东、河南等地均有栽培。

生长习性：喜光、喜湿润温暖气候，较耐寒。适合生长在微酸性或中性、排水良好的土壤，微碱性土壤中易发生黄化。对二氧化硫、氯气等有毒气体有较强的抗性，叶片还具有滞积灰尘的作用。树干高大，枝叶茂盛，生长迅速，易成活，耐修剪，所以广泛栽植作行道绿化树种，也为速生材用树种。

繁殖方法：以扦插繁殖为主，也可播种。

园林用途：树形雄伟端庄，叶大阴浓，干皮光滑，适应性强，各地广为栽培，为世界著名的优良庭荫树和行道树，有"行道树之王"的称号，广泛应用于城市绿化。可孤植于草坪或旷地，列植于甬道两旁，尤为雄伟壮观，又因其对多种有毒气体抗性较强，并能吸收有害气体，所以，作为街道、厂矿绿化颇为合适。

7. 榉树（*Zelkova schneideriana* **Hand.—Mazz**）（图 5-7）

科属：榆科、榉树属。

别称：大叶榉、红榉树。

微课：榉树、朴树、白榆识别与应用

形态特征：落叶乔木，高达 30 m，树冠倒卵状伞形；树皮棕褐色，不裂，平滑，老时薄片状脱落。单叶互生，卵形、椭圆状卵形或卵状披针形，长 2～10 cm，先端尖或渐尖，缘具锯齿；叶表面微粗糙，背面淡绿色，无毛；叶秋季变色，有黄色系和红色系两个品系。花单性（少杂性）同株；雄花簇生于新枝下部叶腋或苞腋，雌花单生于枝上部叶腋。坚果较小，直径 2.5 ～ 4 mm。花期 3 ～ 4 月，果熟期 10 ～ 11 月。

图 5-7　榉树

地理分布：水平分布于淮河及秦岭以南，长江中下游至华南、西南各省区；垂直分布多在海拔 500 m 以下的山地、平原，在云南海拔可达 100 m。它是上海的乡土树种之一。西南、华北、华东、华中、华南等地区均有栽培。

生长习性：阳性树种，喜光、喜温暖环境。适合生长在深厚、肥沃、湿润的土壤，对土壤的适应性强，酸性、中性、碱性土及轻度盐碱土均可生长。耐烟尘，抗有毒气体，抗病虫害的能力较强。深根性，侧根广展，抗风力强，忌积水，不耐干旱和贫瘠，生长慢，寿命长。

繁殖方法：播种繁殖。

园林用途：榉树树体高大雄伟，盛夏绿荫浓密，秋叶红艳，是观赏秋叶的优良树种，常种植于绿地中的路旁、墙边，作孤植、丛植配置和行道树。适应性强，抗风力强，耐烟尘，是城乡绿化和营造防风林的好树种。

8. 朴树（*Celtis sinesis* Pers.）（图 5-8）

科属：榆科、朴属。

别称：沙朴。

形态特征：落叶乔木，高达 20 m，树冠扁球形。树皮褐灰色，粗糙不裂。小枝幼时有毛，后渐脱落。叶卵状椭圆形，长 4 ～ 8 cm，先端短尖，基部不对称，锯齿钝，表面有光泽，背脉隆起并疏生毛。核果近球形，橙红色，果梗与叶柄近等长。花期 4 ～ 5 月，果熟期 9 ～ 10 月。

地理分布：分布于陕西、河南以南至华南，东至台湾，西至四川、云南等省区。日本、朝鲜、中南半岛也有分布，垂直分布于海拔 1 000 m 以下。

生长习性：喜光，稍耐阴，喜温暖气候，喜生长于肥沃、湿润、深厚的中性黏质壤土，能耐轻盐碱土。深根性，抗风力强，耐烟尘，抗污染，生长较快，寿命长。

繁殖方法：播种繁殖。育苗期要注意整形修剪，以养成干形通直、冠形美观的大苗。

园林用途：朴树树冠圆满宽广，树荫浓郁，是城乡绿化的重要树种。最适合公园、庭园孤植作庭荫树，也可作行道树，城市的居民区、学校、厂矿、街头绿地及农村"四旁"绿化都可用，也是河网区防风固堤树种，还是盆景常用树种。

图 5-8　朴树

9. 构树［*Broussonetia papyrifera*（**Linn.**）**L'Herit ex Vent.**］（图 5-9）

科属：桑科、构属。

别称：构桃树。

形态特征：落叶乔木，高达 10 ～ 20 m。树冠开张，卵形至广卵形；树皮平滑，浅灰色或灰褐色，不易裂，全株含乳汁。单叶互生，有时近对生，叶卵圆至阔卵形，长 7 ～ 20 cm，先端渐尖，基部圆形或近心形，缘有锯齿，不裂或有不规则 2 ～ 5 裂，两面密生柔毛。叶柄长 3 ～ 5 cm，密生绒毛；托叶卵状长圆形，早落。聚花果球形，径 2 ～ 2.5 cm，熟时橙红色。花期 4 ～ 5 月，果期 7 ～ 9 月。

图 5-9　构树

地理分布：分布于我国黄河、长江和珠江流域地区，也见于越南、日本。

生长习性：喜光，适应性强，能耐北方的干冷和南方的湿热气候，耐干旱瘠薄，也能生长在水边，喜钙质土，也可在酸性、中性土上生长。根系浅，侧根分布很广，生长快，萌芽力和分蘖力强，耐修剪。抗烟尘及有毒气体能力强，少病虫害。

繁殖方法：播种或扦插繁殖。

园林用途：构树枝叶茂密且具有抗性强、生长快、繁殖容易等许多优点，是城乡绿化的重要树种，尤其适合用作矿区及荒山坡地绿化，也可选作庭荫树及防护林用。

10. 榕树（*Ficus microcarpa* **Linn.f.**）（图 5-10）

科属：桑科、榕属。

别称：细叶榕、成树、榕树须。

形态特征：常绿大乔木，树高达 15 ～ 25 m，胸径达 2 m，树冠扩展很大，呈广卵形或伞状。树皮灰褐色，枝叶稠密，有气生根，细弱悬垂及地面，入土生根，形似支柱，甚为壮观。叶革质，椭圆形或卵状椭圆形，有时呈倒卵形，长 4 ～ 10 cm，全缘或浅波状，先端钝尖，基部近圆形，单叶互生，叶面深绿色，有光泽，无毛。隐花果单生或成对腋生，近球形，初时乳白色，熟时黄色或淡红色。花期5～6月，果熟期9～10月。

图5-10　榕树

地理分布：主要分布于广西、广东、海南、福建、江西赣州、湖南永州及郴州部分县镇、台湾、浙江南部、云南、贵州、印度、缅甸和马来西亚。

生长习性：榕树多生长在高温多雨、气候潮湿、雨水充足的热带雨林地区。对土壤要求不高，在酸性及钙质土上均可生长。其生长快，寿命长，根系发达，地表处根部带明显隆起，对风害和煤烟有一定抗性。

繁殖方法：以扦插为主，也可播种。

园林用途：树体高大，冠大荫浓，气势雄伟，且较少病虫害。宜作庭荫树及行道树，在风景林区最宜群植成林，也可用于河湖堤岸及村镇绿化。

11．枫杨（*Pterocarya stenoptera* **C.DC.**）（**图5-11**）

科属：胡桃科、枫杨属。

别称：麻柳、蜈蚣柳。

形态特征：落叶乔木，高达30 m，树冠卵形。树皮幼年赤褐色，平滑，老时灰褐色浅纵裂。冬芽裸露，密被褐色腺鳞。奇数羽状复叶，小叶10～28枚，长

图5-11　枫杨

圆形至长圆状披针形，先端短尖或钝，叶缘具细锯齿。花单性，同株，雌雄花序均为下垂柔荑花序。果序下垂，小坚果近球形，具长圆状披针形果翅2枚，斜展，形似元宝，成串悬于新枝顶端。花期4～5月，8～9月果熟。

地理分布：分布于华东、华中、华南、西南和华北各地，长江流域和淮河流域最为常见。

生长习性：喜光，稍耐阴，对土壤要求不高，在酸性及微碱性土壤上均能生长，耐水湿，但不耐积水，也有一定的耐旱力。耐寒性强，根系深广，生长中速，萌蘖力强。

繁殖方法：播种繁殖。

园林用途：枫杨树冠开展，羽状叶片颇具风姿。园林中多作庭荫树及行道树，也可作水边护岸田堤或防风林树种。耐烟尘，对有毒气体有一定抗性，适于厂矿、街道绿化。

12．西府海棠（*Malus micromalus* **Makino.**）（图 5-12）

科属：蔷薇科、苹果属。

别称：小果海棠。

形态特征：落叶乔木，高可达 8 m。小枝圆柱形，直立，幼时红褐色，被短柔毛，老时暗褐色，无毛。叶片椭圆形至长椭圆形，长 5～8 cm，宽 2～3 cm，先端渐尖或圆钝，基部宽楔形或近圆形，边缘有紧贴的细锯齿，有时部分全缘，幼时两面被柔毛，不久脱落无毛；叶柄长 1.5～3 cm，被短柔毛；托叶膜质，披针形，全缘。伞形总状花序，具花 4～7 朵，生于小枝顶端，花淡红色。果实近球形，直径 1.5～2 cm，黄色，基部不下陷，萼裂片宿存。花期 4～5 月，果期 9 月。

图 5-12 西府海棠

微课：西府海棠、垂丝海棠、七叶树识别与应用

地理分布：分布在中国的云南、甘肃、陕西、山东、山西、河北、辽宁等地，生长于海拔 100～2 400 m 的地区，目前已由人工引种栽培。

生长习性：喜光，耐寒，忌水涝，忌空气过湿，较耐干旱，对土质和水分要求不高，最适合生长在肥沃、疏松且排水良好的砂质壤土。

繁殖方法：通常以嫁接或分株繁殖，也可用播种、压条及根插等方法繁殖。

园林用途：花色艳丽，一般多栽培于庭园供绿化用。西府海棠在海棠花类中树态俏立，似亭亭少女。花朵红粉相间，叶子嫩绿可爱，果实鲜美诱人，无论孤植、列植、丛植均极为美观。最宜植于水滨及小庭一隅。郭稹海棠诗中"朱栏明媚照黄塘，芳树交加枕短墙。"就是对西府海棠最生动形象的描写。新式庭园以浓绿针叶树为背景，植海棠于前列，则其色彩绚丽夺目，若列植为花篱，鲜花怒放，蔚为壮观。

13．垂丝海棠［*Malus halliana*（**Voss.**）**Koehne.**］（图 5-13）

科属：蔷薇科、苹果属。

别称：垂枝海棠。

形态特征：落叶小乔木，高可达 8 m，树冠广卵形。树皮灰褐色、光滑，小枝紫色。叶互生，椭圆形至长椭圆形，先端略为渐尖，基部楔形，边缘有平钝锯齿，表面深绿色而有光泽，背面灰绿色并有短柔毛，叶柄细长，基部有两个披针形托叶。花 5～7 朵簇生，伞总状花序，未开时红色，开后渐变为粉红色，多为半重瓣，也有单瓣花，萼片 5 枚，三角状卵形，花瓣 5 片，倒卵形。梨果球状，黄绿色，果实先端肥厚，内含种子 4～10 粒。花期 3～4 月，果熟期 9～10 月。常见的垂丝海棠有两种：一种为重瓣垂丝海棠，花为重瓣；另一种为白花垂丝海棠，花近白色，小而梗短。

地理分布：分布于四川、安徽、陕西、江苏、浙江、云南等地，山东、河南、河北、辽宁南部引种栽培。

生长习性：喜阳光，不耐阴，也不耐寒，喜温暖湿润环境，适合生长在阳光充足、背风之处，土壤要求不高，微酸或微碱性土壤均可成长，但以土层深厚、疏松、肥沃、排水良好且略带黏质的土壤为宜。

繁殖方法：多用湖北海棠为砧木进行嫁接，也可分株繁殖。

园林用途：花繁色艳，朵朵下垂，是著名的庭园观赏花木。既可丛植于草坪、林缘、池畔、坡地、窗前、墙边，列植园路旁，对植门庭入口，孤植于院隅，也可作切花、树桩盆景。

图 5-13　垂丝海棠

14. 木瓜海棠（*Chaenomeles cathayensis* **Schneid.**）（**图 5-14**）

科属：蔷薇科、木瓜属。

别称：毛叶木瓜、木桃。

形态特征：落叶小乔木，高达 7 m，无枝刺；小枝圆柱形，紫红色，幼时被淡黄色绒毛；树皮片状脱落，落后痕迹显著。叶片椭圆形或椭圆状长圆形，长 5～9 cm，宽 3～6 cm，先端急尖，基部楔形或近圆形，边缘具刺芒状细锯齿，齿端具腺体，表面无毛，幼时沿叶脉被稀疏柔毛，背面幼时密被黄白色绒毛；叶柄粗壮，长 1～1.5 cm，被黄白色绒毛，上面两侧具棒状腺体；托叶膜质，椭圆状披针形，长 7～15 mm，先端渐尖，边缘具腺齿，沿叶脉被柔毛。花单生于短枝端，直径 2.5～3 cm，花梗粗短，长 5～10 mm，无毛；萼筒外面无毛，萼裂片三角状披针形，长约 7 mm，先端长渐尖，边缘具稀疏腺齿，外面无毛或被稀疏柔毛，内面密被浅褐色绒毛，较萼筒长。花瓣倒卵形，淡红色，雄蕊长约 5 mm，花柱长约 6 mm，被柔毛。梨果长椭圆体形，长 10～15 cm，深黄色，具光泽，果肉木质，味微酸、涩，有芳香，具短果梗。花期 4 月，果期 9～10 月。

地理分布：原产自陕西、甘肃、江西、湖北、湖南、四川、云南、贵州、广西。

生长习性：生于山坡、林边、道旁，人工栽培或野生，海拔 900～2 500 m。喜温暖，有一定的耐寒性，要求土壤排水良好，不耐湿和盐碱。

繁殖方法：可用播种、分株、扦插、压条等方法进行繁殖，对于一些优良品种还可用嫁接的方法繁殖。

园林用途：木瓜海棠花色妍丽，花冠硕大，枝型奇特，春可赏花，秋可观果，病虫害少，是庭园绿化的良好树种，可丛植于庭园墙隅、林缘等处。

图 5-14　木瓜海棠

15. 樱花（*Prunus serrulata* **Lindl.**）（图 5-15）

科属： 蔷薇科、樱属。

别称： 仙樱花。

形态特征： 落叶乔木，树高达 16 m，树冠卵圆形至圆形。单叶互生，卵状椭圆形至倒卵形，长 5～12 cm，叶端急渐尖，叶基圆形至广楔形，叶缘有细尖重锯齿。花白色至淡粉红色，径 2～3 cm，单生枝顶或 3～6 朵簇生呈伞形或伞房状花序，与叶同时生出或先花后叶，常为单瓣，微香，栽培品种多为重瓣。核果，近球形，红色或黑色。花期 4 月，果熟期 5～6 月。

地理分布： 原产自日本，我国华东及长江流域城市多栽培。

生长习性： 喜光、喜温暖湿润的气候环境，对土壤要求不高，以深厚肥沃的砂质壤土最为适宜，浅根性树种。

繁殖方法： 以播种、扦插和嫁接繁育为主。以播种方式繁殖樱花，注意勿使种胚干燥，应随采随播或湿沙层积后翌年春播。嫁接繁殖可用樱桃、山樱桃的实生苗做砧木。

园林用途： 樱花鲜艳亮丽，枝叶繁茂旺盛，是早春重要的观花树种，被广泛用于园林观赏。樱花可以群植成风景林，可列植于街道、花坛、建筑物四周、公路两侧等，可片植造成"花海"景观，可三五成丛点缀于绿地形成锦团，也可孤植。樱花还可作小路行道树、绿篱或制作盆景。

图 5-15　樱花

16. 紫叶李（*Prunus ceraifera f.atropurea* **Jacq.**）（图 5-16）

科属：蔷薇科、李属。

别称：红叶李。

形态特征：小乔木，高可达 8 m，树冠圆形或扁圆形。小枝红褐色，无毛；冬芽卵圆形，先端急尖，有数枚覆瓦状排列鳞片，紫红色。单叶互生，紫红色，卵形或倒卵形，长 2～6 cm，宽 2～3 cm，先端急尖，基部楔形或近圆形，边缘有圆钝锯齿，有时混有重锯齿，叶柄长 6～12 mm，通常无毛或幼时微被短柔

图 5-16　紫叶李

毛，无腺；托叶膜质，披针形，早落。花单生或 2～3 朵聚生，淡粉红色，直径 2～2.5 cm。核果近球形或椭圆形，暗红色。花期 4 月，果期 8 月。

地理分布：原产自新疆，生长在山坡林中或多石砾的坡地以及峡谷水边等处。

生长习性：喜阳光、喜温暖湿润气候，有一定的抗旱能力。对土壤适应性强，不耐干旱，较耐水湿，但在肥沃、深厚、排水良好的黏质中性、酸性土壤中生长良好，不耐碱。以沙砾土为好，黏质土也能生长，根系较浅，萌生力较强。

繁殖方法：繁殖以嫁接为主，也可扦插，压条繁殖。移植以春季为宜，栽培容易，管理粗放。

园林用途：紫叶李是园林中重要的观叶树种，整个生长期紫叶满树，尤以春、秋两季叶色更艳。若在园林中与常绿树植，则绿树红叶相映成趣，宜植于建筑物前、园路旁或草坪一角。

17. 碧桃（*Amygdalus persica* **L.var. persica f.duplex Rehd.**）（图 5-17）

科属：蔷薇科、桃属。

别称：千叶桃花。

形态特征：落叶乔木，高可达 3～8 m，树冠宽广而平展。树皮暗红褐色，老时粗糙呈鳞片状；小枝细长，无毛，有光泽，绿色，向阳处转变成红色，有大量小皮孔；冬芽圆锥形，顶端钝，外被短柔毛，常 2～3 个簇生，中间为叶芽，两侧为花芽。叶片长圆披针形、椭圆披针形或倒卵状披针形，长 7～15 cm，宽 2～3.5 cm，先端渐尖，基部宽楔形，上面无毛，下面在脉腋间具少数短柔毛或无毛，叶边具细锯齿或粗锯齿；叶柄粗壮，长 1～2 cm，常具一至数枚腺体，有时无腺体。花单生，先叶开放，直径 2.5～3.5 cm；花梗极短或几无梗；萼筒钟形，被短柔毛，稀几无毛；萼片卵形至长圆形，顶端圆钝，外被短柔毛；花瓣粉红色，罕为白色。果实形状和大小均有变异，卵形、宽椭圆形或扁圆形，直径（3）5～7（12）cm，长与宽几乎相等，色泽由淡绿白色变化至橙黄色，常在向阳面具红晕，外面密被短柔毛。花期 3～4 月，果熟期 8～9 月。

地理分布：原产自中国，分布在西北、华北、华东、西南等地。现世界各国均已

引种栽培，主要地为江苏、山东、浙江、安徽、浙江、上海、河南、河北等。

生长习性：喜阳光、耐旱、不耐潮湿的环境。喜欢气候温暖的环境，耐寒性好，能在 −25 ℃ 的自然环境安然越冬。要求土壤肥沃、排水良好，不喜欢积水，如栽植在积水低洼的地方，容易出现死苗。

繁殖方法：为保持优良品质，必须用嫁接法繁殖，砧木用山毛桃。采用夏季芽接技术，嫁接成活率可达 90% 以上。

园林用途：碧桃花大色艳，开花时美丽漂亮，观赏期可达 15 天之久。在园林绿化中被广泛用于湖滨、溪流、道路两侧和公园等，在小型绿化工程，如庭院绿化点缀、私家花园等，也用于盆栽观赏，还常用于切花和制作盆景。可列植、片植、孤植，当年即有特别好的绿化效果。碧桃是园林绿化中常用的彩色苗木之一，通常和紫叶李、紫叶矮樱等苗木一起使用。

图 5-17　碧桃

18. 美人梅（*Prunus×blireana* cv.Meiren）（图 5-18）

科属：蔷薇科、李属。

形态特征：园艺杂交种，由重瓣粉型梅花与红叶李杂交而成。落叶小乔木。枝直上或斜伸，生长势旺盛，小枝细长紫红色。叶似杏叶互生，广卵形至卵形，长 5～9 cm，紫红色，先端渐尖，基部广楔形，叶柄长 1～1.5 cm，叶缘有细锯齿，叶被生有短柔毛。花粉红色，着花繁密，1～2 朵着生于长、中及短花枝上，先花后叶，花期春季，花叶同放，花色浅紫，重瓣花，先叶开放，萼筒宽钟状，萼片 5 枚，近圆形至扁圆，花瓣 15～17 枚，小瓣 5～6 枚，花梗 1.5 cm，雄蕊多数，自然花期自 3 月 18 日第一朵花开以后，逐次自上而下陆续开放至 4 月中旬。

地理分布：1987 年 2 月自美国加州 Modesto 莲园通过黄振国教授引入，为法国人于 1895 年在法国以红叶李与重瓣宫粉型梅花杂交后选育而成。我国北方广泛栽培。

生长习性：植株长势强健，抗寒（能耐 −30 ℃）、抗旱和耐高温，在盛夏气温达 37 ℃～39 ℃ 时仍能正常生长。喜生长在排水良好的地方，忌水涝，过分干旱、水涝和土壤排水不良容易造成其生理落叶。

繁殖方法：嫁接、压条、扦插繁殖。

园林用途：美人梅是重要的园林观花、观叶树种。早春，花先叶开放，猩红色的花朵布满全树，绚丽夺目，妩媚可爱。可孤植、片植或与绿色观叶植物相互搭配植于庭院或园路旁。可布置庭院、开辟专园、做梅园、梅溪等大片栽植，还可做盆栽，供各大宾馆、饭店摆花，还可做切花等其他装饰。

图 5-18　美人梅

19. 合欢（*Albizzia julibrissin* **Durazz.**）（图 5-19）

科属：豆科、合欢属。

别称：绒花树、马缨花、夜合欢、蓉花树、野广木等。

形态特征：落叶乔木，高可达 16 m，树冠开展。小枝有棱角，嫩枝、花序和叶轴被绒毛或短柔毛。托叶线状披针形，早落。二回奇数羽状复叶互生，小叶

图 5-19　合欢

10～30 对。头状花序呈伞房状，簇生于叶腋或枝梢，花萼及瓣黄绿色，多数粉红色花丝聚集成绒球状。荚果扁平带状，长约 12 cm，嫩荚有柔毛，老荚无毛。花期 6～7 月，果期 8～10 月。

地理分布：非洲的温带和热带地区。我国中部自黄河流域至南部珠江流域的广大地区均有栽培。

生长习性：喜温暖湿润和阳光充足的环境，对气候和土壤适应性强，喜光，耐寒、耐旱、耐土壤瘠薄及轻度盐碱，在排水良好、肥沃的土壤生长迅速。

微课：合欢识别与应用

繁殖方法：播种繁殖。

园林用途：树形优美，叶形雅致，昼开夜合，入夏以后绿荫绒花，有色有香，形成轻柔舒畅的景观。合欢多用做庭荫树，点缀栽培于各种绿地，或做行道树栽培。可于屋旁、草坪、池畔等处孤植。

20. 紫荆（*Cercis chinensis* **Bunge.**）（图 5-20）

科属：豆科、紫荆属。

别称：满条红。

形态特征：落叶乔木或灌木。单叶互生，全缘，近圆形，顶端急尖，基部心形，长

6～14 cm，宽5～14 cm，两面无毛；有叶柄，托叶小，早落。花先叶开放，4～10朵簇生于老枝上或成总状花序，玫瑰红色，两侧对称，蝶形花。荚果狭披针形，扁平，沿腹缝线有狭翅不开裂。花期3～4月，果熟期8～10月。

地理分布：主要分布于湖北西部、辽宁南部、河北、陕西、河南、甘肃、广东、云南、四川等省。

生长习性：喜光，在光照充足处生长旺盛，有一定的耐寒性，喜肥沃、排水良好的砂质壤土，在黏质土中多生长不良。有一定的耐盐碱力，在pH=8.8、含盐量0.2%的盐碱土中生长健壮。不耐淹，在低洼处种植极易因根系腐烂而死亡。

繁殖方法：播种、分株、扦插、压条等方法繁殖，主要以播种为主。

园林用途：叶大，呈心形，早春先花后叶，新枝老干上布满簇簇紫红花，似一串串花束，艳丽动人。宜栽庭院、草坪、岩石及建筑物前，用于小区的园林绿化，具有较好的观赏效果，为国外广泛采用的精品园林绿化树种。可孤植、丛植、片植、建筑物前列植，对植时与常绿树或黄花树配置，更具色彩美，与其变种白花紫荆混植，红白相映成趣，不失为园林中之佳品。

图5-20 紫荆

21．刺槐（*Robinia pseudoacacia* Linn.）（图5-21）

科属：豆科、刺槐属。

别称：洋槐、刺儿槐。

形态特征：落叶乔木，树高可达25 m；干皮纵裂，枝具托叶刺，冬芽藏于叶痕内。奇数羽状复叶互生，小叶7～19枚，椭圆形，长2～5 cm，全缘，先端微凹并有小刺尖。花白色，芳香，呈下垂总状花序。荚果扁平，条状。花期4～5月，果熟期8～9月。

微课：国槐、刺槐
识别与应用

地理分布：原产自美国东部，17世纪传入欧洲及非洲。我国于18世纪末从欧洲引入青岛栽培，现我国各地广泛栽植。

生长习性：强阳性树种，耐水湿，喜光。不耐阴，喜干燥、凉爽气候，较耐干旱、贫瘠，能在中性、石灰性、酸性及轻度碱性土上生长。浅根性，萌蘖性强，生长快。

繁殖方法：播种、嫁接、扦插或压条法繁殖。

园林用途：刺槐树冠高大，叶色鲜绿，每当开花季节绿白相映，素雅而芳香。可作为行道树、庭荫树。其是工矿区绿化及荒山荒地绿化的先锋树种。根部有根瘤,有提高地力之效。冬季落叶后,枝条疏朗向上,很像剪影,造型有国画韵味。

图 5-21 刺槐

22. 国槐(*Sophora japonica* **Linn.**)(图 5-22)

科属: 豆科、槐属。

别称: 家槐、豆槐。

形态特征: 落叶乔木,高达 25 m,胸径达 1.5 m。树冠圆形,树皮灰黑色,纵裂。幼树枝干平滑、深绿色、渐变黄绿色。奇数羽状复叶,总柄长 15～25 cm,基部膨大呈马蹄形,小叶 7～17 枚,卵圆形、全缘,色浓绿有光泽,叶下面淡绿色。圆锥花序顶生,蝶形,黄白色,略具芳香。荚果肉质,念珠状不开裂,黄绿色,常悬垂树梢,经冬不落,内含有 1～6 粒种子;种子肾形,棕黑色。花期 6～7 月,果熟期 10 月。

主要的变种、品种如下:

(1)龙爪槐(盘槐,*S.japonicacv.pendula*):枝屈曲下垂,树冠呈华盖状,适宜广场庭院栽培。

(2)畸叶槐(五叶槐,*S.japonicacv.oligophylla*):小叶 5～7 片,常簇集,大小和形状均不一。

(3)紫花槐(*S.japonicavar.pubescens*):小叶背面有柔毛,花被紫色。

地理分布: 原产自中国北部,但也可生长于高温高湿的华南、西南地区,尤以黄河流域华北平原及江淮地区最为常见。越南、日本、朝鲜和欧美国家也有栽培。

生长习性: 国槐为温带树种,稍耐阴,适于湿润、深厚、肥沃、排水良好的砂质壤土。石灰性及轻度盐碱土(含盐量 0.15% 左右)上也能正常生长。但在过于干旱、瘠薄、多风的地方难成高大良材。在低洼积水处生长不良,甚至会落叶死亡。国槐对二氧化硫、氯化氢及烟尘等的抗性也较强。

繁殖方法: 播种繁殖。

园林用途: 枝叶茂密,绿荫如盖,适作庭荫树,在中国北方多用作行道树。配植于公园、建筑四周、街坊住宅区及草坪上也极相宜。龙爪槐则宜门前对植或列植,或孤植于亭台山石旁,也可作为工矿区绿化之用。夏秋可观花,并为优良的蜜源植物。

图 5-22　国槐

23.白蜡树（*Fraxinus chinensis* **Roxb.**）（图 5-23）

科属：木犀科、梣属。

别称：梣、青榔木、白荆树。

形态特征：落叶乔木，高 10 ～ 12 m，树冠卵

圆形，树皮黄褐色，小枝光滑无毛。奇数羽状复叶
对生，小叶 5 ～ 9 枚，通常 7 枚，卵圆形或卵状椭
圆形，长 3 ～ 10 cm，先端渐尖，基部狭，不对称，
缘有齿及波状齿，表面无毛，背面沿脉有短柔毛。

图 5-23　白蜡树

圆锥花序侧生或顶生于当年生枝上，大而疏松，花
萼钟状，无花瓣。翅果倒披针形，长 3 ～ 4 cm。花期 4 ～ 5 月，果熟期 7 ～ 9 月。

地理分布：分布于我国黄河流域、长江流域及东北地区，生于
海拔 800 ～ 1 600 m 的沟谷或溪边杂木林中。

生长习性：喜光，稍耐阴，喜温暖湿润气候，颇耐寒，喜湿耐
涝，也耐干旱。对土壤要求不高，碱性、中性、酸性土壤上均能生
长，抗烟尘，对二氧化硫、氯气、氟化氢有较强抗性。萌芽、萌蘖力
均强，耐修剪，生长较快，寿命较长，可达 200 年以上。

繁殖方法：播种或扦插繁殖。

园林用途：白蜡树形体端正，树干通直，枝叶繁茂且鲜绿，秋叶
橙黄，是优良的行道树和遮荫树。其还耐水湿，抗烟尘，可用于湖岸绿化和工矿区绿化。

微课：白蜡、
大叶女贞识别
与应用

24.桂花［*Osmanthus fragrans* **Lour.**］（图 5-24）

科属：木犀科、木犀属。

别称：月桂、木犀。

形态特征：常绿小乔木，高
可达 3 ～ 5 m；全体无毛，侧芽
多为 2 ～ 4 叠生。单叶对生，
革质，椭圆形或长椭圆形，长
5 ～ 12 cm，全缘或上半部有锯

图 5-24　桂花

齿。花 3 ～ 5 朵生于叶腋，呈聚伞花序，花形小而有浓香，花色因品种而异。核果椭圆形，熟时紫黑色。花期 9 ～ 10 月上旬，果期次年 3 月。

主要的变种、品种如下：

（1）金桂（*var. thunbergii* Mankino）：花金黄色，香味最为浓郁，花期较早。

（2）银桂（*var. latifolius* Mankino）：花白色，香味宜人。

（3）丹桂（*var. aurantiacus* Mankino）：花橙色，香味宜人。

（4）四季桂（*var. semperflorens* Hort）：花白色或淡黄色，一年内花开数次，香味宜人。

地理分布：原产自我国西南部，现广泛栽培于长江流域各省区，华北多盆栽。

生长习性：喜温暖湿润的气候，耐高温但不耐寒，最适生长气温是 15 ℃～ 28 ℃。一般要求每天 6 ～ 8 h 光照。宜在土层深厚、排水良好、肥沃、富含腐殖质的偏酸性砂质土壤中生长，不耐干旱瘠薄。

繁殖方法：常用播种、压条、嫁接和扦插法繁殖。

园林用途：赏花闻香，树姿丰满，四季常青，是我国珍贵的传统香花树种。可孤植、丛植于庭园或公园的草坪、窗前、亭旁、水滨、花坛。庭前对植两株，即"两桂当庭"，是传统的配植手法，是机关、学校、居民住宅、"四旁"优良的绿化树种。

25. 女贞（*Ligustrum lucidum* Ait）（图 5-25）

科属：木犀科、女贞属。

别称：蜡树、大叶女贞、桢木、将军树。

形态特征：常绿乔木，高达 10 m，树冠卵形，树皮灰色，平滑不裂。单叶，叶革质而脆，卵形或卵状椭圆形，先端渐尖，基部宽楔形，对生，全缘。圆锥花序顶生，花冠白色，芳香。核果，熟时黑色或紫黑色，有白粉。花期 5 ～ 7 月，果期 7 月至翌年 5 月。

地理分布：产自长江流域及以南各省区，甘肃南部及华南南部多有栽培。生长于海拔 300 ～ 1 300 m 的山林中、村边或路旁。

生长习性：喜光树种，喜温暖气候，稍耐阴，适应性强，在湿润肥沃的微酸性土壤中生长迅速。萌芽力强，耐修剪，喜湿润，不耐干旱，适生于微酸性至微碱性的湿润土壤。

繁殖方法：播种、扦插繁殖。果熟后采下，除去果皮湿沙层积，早春条播。

园林用途：女贞四季常青，枝叶繁密，夏日白花满树，耐修剪，可丛植为绿篱和行道树，也可孤植做庭荫树或作为工矿区的抗污染树种。果实可入药，种子油可供工业用。

图 5-25　女贞

26．紫丁香（*Syringa oblata* **Lindl.**）（图 5-26）

科属：木犀科、丁香属。

别称：华北紫丁香、紫丁白。

形态特征：落叶小乔木或灌木，高可达 4 m，小枝粗壮灰色，无毛。单叶，对生，叶广卵形，通常宽大于长，先端锐尖，基部心形、截形至近圆形，或宽楔形，全缘，两面无毛。圆锥花序顶生，长 6～15 cm，花萼杯状，顶端 4 裂，裂片三角形；花冠紫色，芳香，漏斗形，顶端 4 裂，裂片椭圆形。蒴果长圆形，顶端尖。花期 4～5 月，果期 6～10 月。

地理分布：主要分布在吉林、辽宁、内蒙古、河北、山东、陕西、甘肃、四川等省区。生长在海拔 300～2 500 m 的山地或山沟。

生长习性：喜光，稍耐阴，耐寒性较强，耐干旱。喜湿润、肥沃、排水良好的土壤，对有害气体有一定的抗性。

繁殖方法：播种、扦插、嫁接、分株、压条繁殖。播种的种子须经层积，翌春播。

园林用途：紫丁香枝叶茂密，花美而香，是我国北方园林中常用的春季花木之一。广泛栽植于庭园、机关、厂矿、居民区等地。种子入药，嫩叶代茶。

图 5-26　紫丁香

27．垂柳（*Salix babylonica* **L.**）（图 5-27）

科属：杨柳科、柳属。

别称：垂丝柳、垂杨柳、倒垂柳、倒栽柳、柳树、清明柳、水柳、弱柳。

形态特征：乔木，高达 18 m，树冠倒广卵形。小枝细长下垂，叶狭披针形至线状披针形，长 8～16 cm，先端渐长尖，缘有细锯齿，表面绿色，背面蓝灰绿色，有白粉；叶柄长约 1 cm；托叶扩镰形，早落。花序长 2～5 cm，雄花具 2 雄蕊，2 腺体；雌花子房仅腹面具 1 腺体。花期 3～4 月，果熟期 4～5 月。

地理分布：主要分布在长江流域及其以南各省区的平原地区，华北、东北地区也有栽培。垂直分布在海拔 1 300 m 以下，是平原水边常见树种。

生长习性：喜光、喜温暖湿润气候及潮湿深厚的酸性或中性土壤。较耐寒，特耐水湿，喜生于河岸两边湿地，短期淹水不至死亡，土层深厚的高燥地及石灰质土壤也能适应，并能吸收二氧化硫。发芽早，落叶迟，根系发达，生长快，寿命较短。

繁殖方法：以扦插繁殖为主，也可播种、嫁接繁殖。

园林用途：垂柳枝条细长，柔软下垂，随风飘舞，姿态优美潇洒，植于河岸及湖池边最为理想，也可作为行道树、庭院树及平原造林树种，可孤植、丛植、列植于道旁、庭园、草地、建筑物旁。枝条供编织，枝、叶、花入药。此外，垂柳对有害气体抵抗力强，并能吸收二氧化硫，故也可用于工厂绿化。

图 5-27　垂柳

28. 旱柳（*Salix matsudana* **Koidz.**）（图 5-28）

科属：杨柳科、柳属。

别称：立柳、直柳。

形态特征：落叶乔木，高达 20 m，胸径 80 cm。树冠倒卵形，大枝斜展，嫩枝有毛后脱落，淡黄色或绿色。叶披针形或条状披针形，长 5～10 cm，先端渐长尖，基部窄圆或楔形，无毛，下面略显白色，细锯齿，

图 5-28　旱柳

嫩叶有丝毛，后脱落。花序长 1～2 cm，苞片卵圆形，雄蕊 2 枚，花丝分离，基部有长柔毛，腺体 2。雌花腺体 2。花期 3～4 月，果熟期 4～5 月。

地理分布：产自华北、东北、西北地区以及长江流域，以黄河流域为中心分布，是北方平原地区最常见的乡土树种之一。

生长习性：喜光，阳性树种，较耐寒，耐干旱。喜湿润排水、通气良好的砂质壤土，但在黏土或长期积水的低湿地上容易烂根，引起枯梢，甚至死亡。

繁殖方法：以扦插育苗为主，也可播种。

园林用途：旱柳枝条柔软，树冠丰满，是我国北方常用的庭荫树、行道树。常栽培在河湖岸边或孤植于草坪，对植于建筑两旁，也用作公路树、防护林及沙荒造林，农村"四旁"绿化等。其是早春密源树种、防护林及绿化树种，也可用作材树种。在北方园林，柳属的一些绿化树种是落叶树种中绿期最长的一种，但由于其种子成熟后柳絮飘扬，故在工厂、街道路旁等处，最好栽植雄株。

29. 火炬树（*Rhus typhina* **L.**）（图 5-29）

科属：漆树科、盐肤木属。

别称：鹿角漆、火炬漆、加拿大盐肤木。

形态特征：落叶小乔木，高达 12 m。小枝粗壮，密生灰褐色绒毛。奇数羽状复叶，小叶 19～23（11～31）枚，长椭圆状至披针形，长 5～13 cm，缘有锯齿，先端长渐尖，基部圆形或宽楔形，上面深绿色，下面苍白色，两面有绒毛，老时脱落，叶轴无翅。圆锥花序顶生，密生绒毛，花淡绿色，雌花花柱有红色刺毛。核果小深红色，密生绒毛，花柱宿存、密集呈火炬形。上面深绿色，下面苍白色，两面有绒毛，花期 6～7 月，果期 8～9 月。

图 5-29 火炬树

地理分布：原产自北美，我国华东、华北、西北等地引种就培。

生长习性：适应性强，喜光、喜湿、耐旱、抗寒，耐盐碱。喜生于河谷滩、堤岸及沼泽地边缘，也能在干旱、石砾山坡荒地生长。根系发达，萌蘖力特强。

繁殖方法：可播种、分蘖和插根繁殖。

园林用途：火炬树果穗红艳似火炬，秋叶鲜红色，是优良的秋景树种。宜丛植于坡地、公园角落，以吸引鸟类觅食，增加园林野趣，也是固堤、固沙、保持水土的好树种。

30. 黄栌（*Cotinus coggygria* **Scop.**）（图 5-30）

科属：漆树科、黄栌属。

别称：红叶、红叶黄栌、黄道栌、黄溜子、黄龙头、黄栌材、黄栌柴、黄栌会等。

形态特征：落叶小乔木，树冠圆形。树皮暗灰褐色，小枝紫褐色。单叶互生，倒卵形或卵圆形，长 3～8 cm，宽 2.5～6 cm，

图 5-30 黄栌

先端圆形或微凹，基部圆形或阔楔形，全缘，两面尤其叶背显著被灰色柔毛，侧脉 6～11 对，先端常叉开，叶柄短。顶生圆锥花序被柔毛，花杂性，花萼无毛，裂片卵状三角形；花瓣卵形或卵状披针形，无毛。果序长 5～20 cm，有多数不育花的紫绿色羽毛状细长花梗宿存，核果肾形。花期 5～6 月，果熟期 7～8 月。

地理分布：分布在我国西南、华北、西北以及浙江、安徽等地。

生长习性：喜光，也耐半阴、耐寒、耐干旱瘠薄和碱性土壤，但不耐水湿。以深厚、肥沃且排水良好的砂质壤土生长为宜。生长快，根系发达，萌蘖性强，对二氧化硫有较强抗性。

繁殖方法：以播种繁殖为主，也可压条、插根或分株。栽培变种多用嫁接繁殖。

园林用途：黄栌树冠不整，但秋色红艳，十分醒目，是重要的观赏树种。因其花序中有羽毛状物，从远处望去，宛如烟雾缭绕，故有人称之为烟树。在园林中可孤植供赏玩，更宜群植于山坡形成纯林或混交林，则秋季层林尽染，可充分欣赏"霜叶红于二月花"的美景。

31．苦楝（*Melia azedarach* Linn.）（图 5-31）

科属：楝科、楝属。

别称：苦苓、金铃子。

形态特征：落叶乔木，高达 20 m，树皮黑色，纵裂，木材带淡红色。幼枝密被短毛，老枝近无毛。二或三回奇数羽状复叶，互生，小叶近对生，长 3～6 cm，宽 2～3 cm，被

图 5-31　苦楝

灰状短星毛，后变无毛，边缘有粗钝锯齿。圆锥花序腋生，花瓣淡紫色，长约 1 cm；花萼裂，裂披针形，具短毛；花瓣 5 枚，倒披针形，外披短毛；雄蕊 10 枚；花丝合生筒状。核果，熟时淡黄色，种子具 5～6 条棱，椭圆状。花期 5～6 月，果熟期 10～12 月。

地理分布：主要分布在河北、河南、山东、陕西、甘肃、云南、四川、贵州、湖南、江西、浙江、福建、广东和广西等省区。

生长习性：喜光，可耐寒，喜温暖湿润，不耐旱，怕积水。

繁殖方法：播种法繁殖，播后覆土深度 3 cm，幼苗期不耐涝，7～8 月是生长迅速时期，应及时追施肥料。

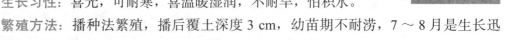

微课：苦楝、黄连木识别与应用

园林用途：苦楝羽叶舒展，夏日开淡蓝色小花，淡雅飘逸，适宜作为行道树和庭荫树，以及公路、铁路的绿化。

32．香椿（*Toona sinensis* **A.Juss.**）（图 5-32）

科属：楝科、香椿属。

别称：香椿铃、香铃子、香椿子、香椿芽。

形态特征：多年生落叶乔木，高达 25 m，树皮暗褐色，浅纵裂，片状脱落。偶数羽状复叶，小叶 16 ～ 20 枚，对生或互生，叶卵状披针形或卵状长椭圆形，长 8 ～ 15 cm，全缘或有不明显锯齿，背面沿脉有毛，微被白粉。复聚伞花序，花萼 5 齿裂或浅波状，外面被柔毛，且有睫毛；花瓣 5 枚，白色。蒴果圆形，长 2 ～ 3.5 cm，深褐色，有小而苍白色的皮孔，果瓣薄；种子基部通常钝，上端有膜质的长翅，下端无翅。花期 6 ～ 8 月，果期 10 ～ 12 月。

 微课：香椿、臭椿识别与应用

图 5-32　香椿

地理分布：原产自中国中部和南部。东北自辽宁南部，西至甘肃，北起内蒙古南部，南到广东、广西，西南至云南均有栽培。其中，尤以山东、河南、河北栽植最多。河南信阳地区有较大面积的人工林。陕西秦岭和甘肃小陇山有天然分布。垂直分布在海拔 1 500 m 以下的山地和广大平原地区，最高海拔可达 1 800 m，耐寒区位 6 ～ 11。

生长习性：喜光，温带树种，在河北地区幼苗期易受冻害，长大后耐寒性增强，在钙质土、中性土、酸性土上均生长良好，在深厚肥沃湿润的砂质壤土中生长快。

繁殖方法：插种、分株繁殖。

园林用途：该树种以嫩芽做蔬菜而著名。因树干通直，羽叶潇洒，夏日缀以白花，秋末叶色变红，姿色不凡，可做行道树和庭院绿化。木材红褐色，坚实而富有弹性，有光泽，纹理直，是家具、造船的优质用材，有"中国桃花心木"之称，故分布区内各地农村喜在房前屋后密植，兼收佳蔬与用材之利。

33．臭椿［*Ailanthus altissima*（**Mill.**）　**Swingle**］（图 5-33）

科属：苦木科、臭椿属。

别称：臭椿皮、大果臭椿。

形态特征：落叶乔木，高可达 20 m，胸径 1 m 以上，树冠呈扁球形或伞形。幼时树皮浅灰色，不裂，老则深灰色，有浅裂纹。奇数羽状复叶，互生，小叶 13 ～ 25 枚，卵状披针形，近基部叶缘具少数粗齿，长 4 ～ 15 cm，基部具 1 ～ 3 个腺齿，上部全缘；叶总柄基部膨大，齿端有 1 腺点，有臭味。雌雄同株或雌雄异株，圆锥花序顶生，花小，杂性，白色带绿，柱头 5 裂。翅果长 3 ～ 5 cm，有扁平膜质的翅，长椭圆形，种子位于中央，成熟时红褐色。花期 6 ～ 7 月，果熟期 9 ～ 10 月。

地理分布：分布于我国北部、东部及西南部，东南至台湾地区。木材较轻软，容易发霉，也容易遭受虫蛀。在我国，南自广东、广西、云南，向北直到辽宁南部，共跨22个省区，以黄河流域为分布中心，垂直分布在海拔100～2 000 m范围内。

　　生长习性：喜光，适应干冷气候。深根性，耐干燥瘠薄土壤。幼年速生，至20年后生长趋缓。对空气污染有较强抗性。

　　繁殖方法：播种繁殖。

　　园林用途：臭椿树干通直高大，春季嫩叶紫红色，秋季红果满树，是良好的观赏树和行道树。可孤植、丛植或与其他树种混栽，适宜于工厂、矿区等绿化。在印度、英国、法国、德国、意大利、美国等国常作为行道树，颇受赞赏并称其为天堂树。

图5-33　臭椿

34. 栾树（*Koelreuteria paniculata* **Laxm.**）（图5-34）

　　科属：无患子科、栾树属。

　　别称：木栾、栾华、五乌拉叶、乌拉、乌拉胶、黑色叶树、石栾树、黑叶树、木栏牙。

微课：栾树识别
与应用

　　形态特征：落叶乔木，高达15 m，树冠近圆球形。树皮灰褐色，细纵裂，小枝稍有棱，无顶芽，皮孔明显。奇数羽状复叶，有时部分小叶深裂而为不完全的二回羽状复叶，长达40 cm；小叶（7）11～18枚，卵形或卵状椭圆形，缘有不规则粗齿，近基部常有深裂片，背面沿脉有毛。花小，金黄色，顶生圆锥花序宽而疏散。蒴果三角状卵形，长4～5 cm，顶端尖，成熟时红褐色或橙红色，果皮膜质而膨大成膀胱形，成熟时3瓣开裂。花期6～7月，果熟期9～10月。

图5-34　栾树

　　地理分布：产自我国大部分省区，东北自辽宁起经中部至西南部的云南，世界各地均有栽培。

生长习性：喜光，耐半阴；耐寒，耐旱，耐瘠薄，喜生长于石灰岩土壤，也能耐盐渍性土，并能耐短期水涝。深根性，生长中速，幼时较缓，以后渐快。对风、粉尘污染、二氧化硫、臭氧均有较强的抗性，枝叶有杀菌功能。

繁殖方法：以播种为主，分蘖、根插也可。

园林用途：树形端正，枝叶茂密而秀丽，春季嫩叶多为红叶，夏季黄花满树，入秋叶色变黄，果实紫红，形似灯笼，十分美丽，在微风吹动下似铜铃哗哗作响，故又称"摇钱树"。栾树适应性强、季相明显，是理想的绿化、观叶树种，宜做庭荫树、行道树及园景树。栾树也是工业污染区配植的好树种。

35. 三角枫（*Acer buergerianum* Miq.）（图 5-35）

科属：槭树科、槭树属。

别称：三角槭。

形态特征：落叶乔木，高 5～10 m，树冠卵形，树皮暗灰色，片状剥落。单叶，对生，叶倒卵状三角形、三角形或椭圆形，长 6～10 cm，宽 3～5 cm，常 3 裂，裂片三角形，近于等大而呈三叉状，顶端短渐尖，全缘或略有浅齿，表面深绿色，无毛，背面有

图 5-35　三角枫

白粉，初有细柔毛，后变无毛。伞房花序顶生，有柔毛，花黄绿色，发叶后开花；子房密生柔毛。翅果棕黄色，两翅呈镰刀状，中部最宽，基部缩窄，两翅开展成锐角，小坚果凸起，有脉纹。花期 4～5 月，果熟期 9～10 月。

地理分布：产自长江流域各地，北至山东，南至广东、台湾均有分布。

生长习性：弱阳性，为暖带树种，喜光也耐阴，喜温暖湿润的气候和深厚肥沃、排水良好的土壤，对土壤的要求不高，较耐水湿，萌芽力强，耐修剪。

繁殖方法：播种繁殖。

园林用途：枝叶繁茂，夏季浓荫覆地，入秋叶色转为暗红色，颇为美观，宜做庭荫树或行道树及护岸树，也可丛植、列植于湖边、谷地、草坪，或点缀于亭廊、山石间。

36. 五角枫（*Acer mono* Maxim.）（图 5-36）

科属：槭树科、槭树属。

别称：地锦槭、色木、丫角枫、五角槭。

形态特征：落叶乔木，高可达 20 m，小枝内常有乳汁。单叶对生，叶常掌状 5 裂，长 4～9 cm，基部常为心形，裂片卵状三角形，全缘，两面无毛或仅背

图 5-36　五角枫

面脉腋有簇毛。花杂性，黄绿色，多朵成顶生伞房花序。果核扁平或微隆起，果翅展开成钝角，长约为果核的2倍。花期4～5月，果熟期9～10月。

微课：五角枫、元宝枫、鸡爪槭识别与应用

地理分布：分布于东北、华北及长江流域各地，是我国槭树科中分布最广的一种。

生长习性：喜阳，稍耐阴，喜温凉湿润气候，过于干冷及高温处均不见分布。对土壤要求不高，在中性、酸性及石灰性土上均能生长，但以土层深厚、肥沃及湿润之地生长最好。生长速度中等，深根性，少病虫害。

繁殖方法：主要用播种繁殖。

园林用途：树形优美，叶、果秀丽，入秋叶色变为红色或黄色，宜作为山地及庭园绿化树种，与其他秋色叶树种或常绿树配植彼此衬托掩映，可增加秋景色彩之美。也可用作庭荫树、行道树或防护林。

37．元宝枫（*Acer truncatum* **Bunge.**）（图5-37）

科属：槭树科、槭树属。

别称：平基槭。

形态特征：落叶乔木，高8～10 m，树冠伞形或倒广卵形，树皮浅纵裂，灰黄色。单叶，对生，掌状五裂，裂片全缘，叶基通常截形，两面无毛。伞房花序顶生，黄绿色。双翅果，果核扁平，两果翅展开约成直角，翅较宽，其长度等于或略长于果核。花期4～5月，果熟期9～10月。

图5-37　元宝枫

地理分布：主产自黄河中、下游各省，东北南部及江苏北部、安徽南部也有分布。

生长习性：耐阴，喜温凉湿润气候，耐寒性强，但过于干冷则对生长不利，在炎热地区也如此。对土壤要求不高，在酸性土、中性土及石灰性土中均能生长，但在湿润、肥沃、土层深厚的土中生长最好。深根性，生长速度中等，病虫害较少。对二氧化硫、氟化氢的抗性较强，吸附粉尘的能力也较强。

繁殖方法：主要用播种法繁殖。

园林用途：冠大荫浓，树姿优美，叶形秀丽，嫩叶红色，秋叶黄色、红色或紫红色，为北方优良的秋色叶树种，宜作庭荫树、行道树或风景林树种，在堤岸、湖边、草地及建筑附近配植皆雅致。

38．鸡爪槭（*Acer palmatum* **Thunb.**）（图5-38）

科属：槭树科、槭树属。

别称：鸡爪枫。

形态特征：落叶小乔木，高可达8～13 m，树冠伞形或圆球形。树皮平滑，灰褐色，枝开张，小枝细长，光滑。叶掌状5～9深裂，通常7深裂，径5～10 cm，基部心形，裂片卵状长椭圆形至披针形，先端锐尖，缘有重锯齿，背面脉腋有白簇毛。花杂性，紫色，径6～8 mm，萼背有白色长柔毛，伞房花序顶生，无毛。翅果无毛，两翅展开成钝角，幼时紫红色，成熟后棕黄色。花期5月，果熟期9～10月。

主要的变种、品种如下：

（1）红枫（cv.Atropurpureum）：又名紫红鸡爪槭。叶终年红色或紫色。

（2）细叶鸡爪槭（cv.Dissectum）：俗称羽毛枫，叶掌状深裂达基部，裂片狭长又羽状裂，树冠开展，枝略下垂。

（3）红细叶鸡爪槭（cv.Dissectum Ornatum）：株型、叶形与羽毛枫相同，唯叶终年红色或紫红色，俗称红羽毛枫。

（4）线裂鸡爪槭（cv.Linearilobum）：叶掌状深裂几达基部，裂片线形，缘有疏齿或近全缘。此外，还有金叶、花叶、白斑叶等园艺变种。

地理分布：产自中国、日本和朝鲜。在我国分布于长江流域各省，山东、河南、浙江也有栽培。

生长习性：弱阳性，耐半阴，在阳光直射处孤植，夏季易遭日灼之害。喜温暖湿润气候及肥沃、湿润且排水良好的土壤，耐寒性不强。

繁殖方法：一般原种用播种法繁殖，而园艺变种常用嫁接法繁殖。

园林用途：鸡爪槭叶形美观，入秋后转为鲜红色，色艳如花，灿烂如霞，为优良的观叶树种。植于草坪、土丘、溪边、池畔和路隅、墙边、亭廊、山石间点缀，均十分得体，若以常绿树或白粉墙作背景衬托，尤感美丽多姿。制成盆景或盆栽用于室内美化也极雅致。可作为行道树和观赏树栽植，是较好的"四旁"绿化树种。

图 5-38　鸡爪槭

39．七叶树（*Aesculus chinensis* Bunge）（图 5-39）

科属：七叶树科、七叶树属。

别称：梭罗树。

形态特征：落叶乔木，高达25 m，树皮深褐色或灰褐色，小枝光滑粗壮，黄褐色或灰褐色，树冠庞大圆球形。小叶5～7枚，长圆披针形至长圆倒披针形，长8～16 cm，先端渐尖，基部楔形或阔楔形，边缘有钝尖形的细锯齿，上面深绿色，无毛，下面除中肋及侧脉的基部嫩时有疏柔毛外，其余部分无毛。直立密集圆锥花序呈圆柱状，顶生；花小、白色，花瓣4枚。蒴果近球形，黄褐色，无刺，种子常1～2粒发育，近于球形，栗褐色。花期4～5月，果熟期9～10月。

地理分布：河北、江苏、浙江等地均有栽培。

生长习性：喜光，稍耐阴，喜温暖气候，也能耐寒；喜深厚、肥沃、湿润且排水良好的土壤。深根性，萌芽力强，生长速度中等偏慢，寿命长。

繁殖方法：以播种为主，也可扦插繁殖。种子不宜久藏，采后即播。

园林用途：树形优美、花大秀丽，果形奇特，是观叶、观花、观果不可多得的树种，为世界著名的观赏树种之一。可做人行步道、公园、广场绿化树种，既可孤植也可群植，或与常绿树和阔叶树混种。

图 5-39　七叶树

40．木槿（*Hibiscus syriacus* **Linn.**）（图 5-40）

科属：锦葵科、木槿属。

别称：木棉、荆条、木槿花。

形态特征：落叶小乔木或灌木，高3～4 m，小枝密被黄色星状绒毛。叶菱形至三角状卵形，长3～10 cm，宽2～4 cm，具深浅不同的3裂或不裂，先端钝，基部楔形，边缘具不整齐齿缺，下面沿叶脉微被毛或近无毛；叶柄长5～25 mm，上面被星状柔毛；托叶线形，长约6 mm，疏被柔毛。花单生于枝端叶腋间，被星状短绒毛；花萼钟形，裂片5，三角形；花钟形，淡紫色，花瓣倒卵形。蒴果卵圆形，直径约12 mm，密被黄色星状绒毛；种子肾形，背部被黄白色长柔毛。花期7～10月，果熟期10～11月。

地理分布：原产自东亚，主要分布于我国台湾、福建、广东、广西、云南、贵州、四川、湖南、湖北、安徽、江西、浙江、江苏、山东、河北、河南、陕西等省区。

生长习性：喜光而稍耐阴，喜温暖、湿润气候，较耐寒，但在北方地区栽培需保护越冬，好水湿且又耐旱，对土壤要求不高，在重黏土中也能生长，萌蘖性强，耐修剪。

繁殖方法：播种、压条、扦插、分株繁殖，但生产上主要运用扦插繁殖和分株繁殖。

园林用途： 木槿是夏、秋季的重要观花灌木，南方多作花篱、绿篱；北方作庭园点缀及室内盆栽。木槿对二氧化硫与氯化物等有害气体具有很强的抗性，同时，还具有很强的滞尘功能，是有污染工厂的主要绿化树种。

图 5-40　木槿

41. 金银木 [*Lonicera maackii*（**Rupr.**）**Maxim.**]（图 5-41）

　　科属： 忍冬科、忍冬属。

　　别称： 金银忍冬、马氏忍冬。

　　形态特征： 落叶性小乔木，常丛生成灌木状，株形圆满，高可达 6 m。小枝髓黑褐色，后变为中空，幼时具微

图 5-41　金银木

毛。单叶对生，叶呈卵状椭圆形至披针形，长 5～8 cm，先端渐尖，叶两面疏生柔毛。花成对腋生，二唇形花冠，芳香；花开之时初为白色，后变为黄色，故得名"金银木"。浆果，球形，亮红色。花期 5～6 月，果熟期 8～10 月。

　　地理分布： 产自我国东北，华北、华东、华中及西北东部、西南北部地区均有分布。

　　生长习性： 性强健，喜光，耐半阴，耐旱，耐寒，喜湿润、肥沃及深厚的土壤，管理粗放，病虫害少。

　　繁殖方法： 有播种和扦插两种繁殖方法。春季可以播种繁殖，夏季可以采用当年生半木质化枝条进行嫩枝扦插。

　　园林用途： 树势旺盛，枝叶丰满，初夏开花有芳香，秋季红果坠枝头，是一种良好的观赏树种。常丛植于草坪、山坡、林缘、路边或点缀于建筑周围，观花赏果两相宜。

42. 冬青（*Ilex chinensis*）（图 5-42）

　　科属： 冬青科、冬青属。

　　别称： 北寄生、槲寄生、桑寄生、柳寄生、黄寄生、冻青、寄生子。

　　形态特征： 常绿乔木，高达 13 m。树皮灰色或淡灰色，有纵沟，小枝淡绿色，无毛。叶薄革质，长椭圆形或披针形，长 5～11 cm，宽 2～4 cm，顶端渐尖，基部楔形，边缘疏生浅齿，干后呈红褐色，有光泽；叶柄常为淡紫红色，长 0.5～1.5 cm。雌雄异株，聚伞花序着生于新枝叶腋内或叶腋外，雄花序有花 10～30 朵，雌花序有花 3～7 朵；花瓣紫红色或淡紫色，向外反卷。果实椭圆形或近球形，长 8～12 cm，成熟时深红色；分核 4～5，背面有 1 纵沟。花期 5～6 月，果熟期 7～12 月。

地理分布： 产自长江流域及其以南各省区，常生长在山坡杂木林中，日本也有分布。

生长习性： 喜光，稍耐阴，喜温暖湿润气候及肥沃的酸性土壤，较耐潮湿，不耐寒，萌芽力强，耐修剪，生长速度较慢，深根性，抗风力强，对二氧化硫及烟尘有一定抗性。

繁殖方法： 一般采用播种或扦插繁殖，但扦插繁殖生根较慢。

园林用途： 枝繁叶茂，四季常青，果熟时红若丹珠，赏心悦目，是庭园中的优良观赏树种。宜在草坪上孤植，门庭、墙际、园道两侧列植，或散植于叠石、小丘之上，葱郁可爱。冬青采取老桩或抑生长的方式使其矮化，用于制作盆景。

图 5-42 冬青

43．棕榈（*Trachycarpus fortunei* Hook.H.Wendl.）（图 5-43）

科属： 棕榈科、棕榈属。

别称： 唐棕、拼棕、中国扇棕。

形态特征： 常绿乔木，高达 15 m，树干圆柱形，老叶柄基部被密集的网状纤维，不易脱落，除非人工剥除，否则不能自行脱落。叶片呈 3/4 圆形或近圆形，掌状深裂成 30～50 片具皱褶的线状剑形，宽 2.5～4 cm，长 60～70 cm 的裂片，裂片先端具短 2 裂或 2 齿，坚硬，不下垂；叶柄长 75～80 cm 或更长，两侧具细圆齿，顶端有明显的戟突。肉穗状花序圆锥状，

图 5-43 棕榈

腋生，总苞片多数，革质，被锈色绒毛；花小，黄白色，雌雄异株。核果肾形，蓝黑色。花期 4～5 月，果熟期 12 月。

地理分布： 我国长江以南各省区和日本，海拔 1 000 m 以下，常见于山坡中、下的

阔叶林中。

生长习性：喜光，适应湿润肥沃的土壤。

繁殖方法：播种繁殖。

园林用途：树形良好，常绿，具有热带风光，因此常用于广场公园、庭院的景观园林设计。

44.蒲葵［*Livistona chinensis*（**Jacq.**）**R.Br.**］（图5-44）

科属：棕榈科、蒲葵属。

别称：扇叶葵、葵树。

形态特征：常绿乔木，高5～20m，基部常膨大。叶阔肾状扇形，直径达1m，掌状深裂至中部，裂片线状披针形，顶端渐尖，2深裂成长达50cm的丝状下垂的小裂片，两面绿

图5-44 蒲葵

色；叶柄长1～2m，下部两侧有黄绿色（新鲜时）或淡褐色（干后）下弯的短刺。肉穗状花序呈圆锥状，腋生，总苞棕色，管状，坚硬；花小，黄绿色，两性，长约2mm；花萼3枚，覆瓦状排列；花冠3裂达基部，雄蕊6枚，花丝合生成环状。核果椭圆形，黑褐色。花果期4月。

地理分布：产自中国南部，中南半岛也有分布。

生长习性：喜温暖、湿润、向阳的环境，能耐0℃左右的低温，好阳光，也能耐阴，抗风、耐旱、耐湿，还较耐盐碱，能在海边生长，喜湿润、肥沃的黏性土壤。

繁殖方法：播种繁殖。

园林用途：热带景观营造的配置树种。另外，可用于广场、公园、建筑物门前空地等园林设计。

45.紫薇（*Lagerstroemia indica* **L.**）（图5-45）

科属：千屈菜科、紫薇属。

别称：百日红、满堂红、痒痒树。

形态特征：落叶灌木或小乔木，高达7m，树皮光滑，呈长薄片状剥落，灰白色或灰褐色，小枝略呈四棱形，常有狭翅。单叶对生或近对生，椭圆形至倒卵形。圆锥花序顶生，花瓣6枚，有红、粉、堇、白等色，边缘皱波状。蒴果近球形，6瓣裂，基部有宿存花萼。花期6～9月，果期10～11月。

地理分布：产自我国长江流域、华东、华中和西南各省区，多生长在海拔500～1200m向阳湿润的溪旁及缓坡林缘。

生长习性：紫薇是本属中抗寒性最强的一种。喜温暖气候，耐热，喜中性偏酸土壤，抗污染能力较强。

繁殖方法：播种、扦插、分蘖繁殖。

园林用途：树姿优美，花色艳丽，花期长，是夏季园林的优良花木。最适宜种在庭院及建筑物前，也可孤植、丛植于草坪、林缘，还可盆栽或制作桩景。

图 5-45　紫薇

※ 任务实施

1. 接受任务

（1）学生分组：4 ～ 6 人 / 组，每组选出一名组长；

（2）由教师分配各组的调查区域。

2. 制定调查方案

每个调查小组的组长带领本组成员制定调查方案，方案内容应包括调查目的、组内分工、调查范围、调查路线、调查时间、调查方法和调查成果等。

3. 调查准备

（1）查找资料，形成初步的园林绿化乔木树种名录；

（2）确定常见乔木树种的识别特征；

（3）设计记录表格，准备调查工具，如照相机等。

4. 外业调查

按照确定的调查路线，识别和记录每种用于园林绿化的乔木树种，拍摄每种植物的识别特征照片和全景照片，并填写表 5-1。

表 5-1　（地区名）园林绿化乔木树种调查表

序号	植物名称	照片编号	分布区域	数量	生长情况
1					
2					
...					

5. 内业整理

查找相关资料对调查的植物进行整理与鉴定，并完善园林绿化乔木树种名录。

6. 调查报告

根据调查的结果，每个小组自行设计格式写出一份调查报告，报告内容应包括调查目的、组内分工、调查范围、调查路线、调查时间、调查方法和调查成果（如种类、数量、生长情况分析）等，重点对结果进行分析，并提出合理化建议。

※ 任务考核

园林绿化乔木树种调查任务考核标准见表5-2。

表 5-2　园林绿化乔木树种调查任务考核标准

考核项目	考核内容	分值/分	分数	考核方式
调查方案	内容完整，方案执行分工明确	10		分组考核
调查准备	名录编写正确，材料准备充分	10		分组考核
外业调查	按照预定方案执行，调查资料全面、无遗漏	10		分组考核
内业整理	植物定名正确，资料整理清楚	10		分组考核
调查报告	内容全面、数据准确、分析合理	10		分组考核
乔木树种识别能力	正确命名	10		单人考核
	识别特征	20		
	科属判断	10		
团队协作	互帮互助，合作融洽	10		单人考核

※ 知识拓展

世界五大行道树

1. 欧洲椴

欧洲椴又名捷克椴，是捷克的国树，是北部欧洲常见的温带植物种类。现今在世界各地广泛栽培，通常作为行道树栽植，被称为"行道树之王"，与银杏、北美鹅掌楸、法桐、欧洲七叶树并称为"世界五大行道树"。欧洲椴树形优美，茎皮富含纤维，适应性强，抗污染，但在我国的种植并不是很广泛，主要分布在南方地区，北京也有栽培。

2. 银杏

银杏俗称白果、公孙树。落叶大乔木，高达 40 m，胸径可达 4 m；树皮灰褐色，有不规则的纵裂。叶互生，在长枝上辐射状散生，在短枝上 3～5 枚簇生。叶形状似扇，两面均为淡绿色。雌雄异株，偶见同株，花球状，雌球花有长梗。种子卵圆形或近球形，长 2.5～3.5 cm，直径 1.5～2 cm。假种皮肉质，被白粉，成熟时淡黄色或橙黄色。

银杏最早出现在 3.45 亿年前的石炭纪，曾广泛分布于北半球的欧、亚、美洲，至 50 万年前，地球发生了第四纪冰川运动之后，绝大多数银杏类植物濒于绝种，唯有我国因自然条件优越才奇迹般地保存下来。所以，科学家称它为"活化石""植物界的熊猫"。目前，浙江天目山、湖北大别山、神农架等地都有野生、半野生状态的银杏群落。

3. 北美鹅掌楸

落叶乔木，小枝褐色或棕褐色。叶较小，长、宽均为 6～12 cm，每边有 2～4 短而渐尖的裂片，背面淡绿色。花较大，直径 6～8 cm；花被片米黄白色，内侧基部黄棕色，有蜜腺；花药长 20～25 mm。聚合果上的小坚果顶端尖或突尖。花期 5～6 月。原产自北美东南部，上海、南京等地庭园中有栽培，为较珍贵的庭园树种。

4. 悬铃木

悬铃木主要是指英桐、法桐和美桐。叶稠枝翠，婆娑多姿，多用作行道树。盛夏酷暑，法桐浓郁的树冠恰似遮阳伞，蔽翳骄阳，蒸发水汽、增湿减热、降温祛暑，使环境变得阴凉雅静，有些地方称其为"祛汗树"，可谓名副其实。

据文献记载，悬铃木是在我国晋代时即从陆路传入我国，被称为祛汗树、净土树。相传印度高僧鸠摩罗什入我国宣扬佛法时携入栽植，虽然传入我国较早，但长时间未能继续传播。近代悬铃木大量传入我国约在 20 世纪一二十年代，主要由法国人种植于上海的法租界内，故称为"法国梧桐"，简称"法桐"或"法梧"，我国目前普遍种植的以杂种"英桐"最多。

5. 欧洲七叶树

欧洲七叶树的别名为马栗树。落叶乔木，高可达 30 m。掌状复叶对生，小叶 5～7 枚，无柄，倒卵形，表面深绿色，背面淡绿色，近基部有铁锈色毛，边缘有重锯齿。圆锥花序顶生，雄花与两性花同株，花大，直径约 2 cm。蒴果近球形，褐色，有刺。花期 5～6 月，果熟期 9 月。欧洲七叶树原产自阿尔巴尼亚和希腊。寿命较长，喜欢阳光充足、湿润的环境，在肥沃疏松的土壤中生长较快，幼树生长慢，一般 3 年后开始迅速生长，其根系发达，耐干旱贫瘠，较耐寒。我国黄河流域及东部各省市均有栽培，其中，上海、青岛等地栽培较多。

任务二

灌木园林植物认知

【技能目标】

1．能够准确识别 30 种以上常见的灌木园林植物；

2．能够正确认识灌木园林植物的观赏特性及观赏期；

3．能够在园林设计中正确选择和应用灌木园林植物。

【知识目标】

1．了解常见灌木园林植物在园林景观设计中的作用；

2．了解常见灌木园林植物的生长习性；

3．掌握本地区园林绿化中常见灌木园林植物的种类；

4．掌握常见灌木园林植物的观赏特性及园林应用特色。

【素质目标】

1．通过对形态相似或相近的灌木园林植物进行比较、鉴别和总结，培养学生独立思考问题和认真分析、解决实际问题的能力；

2．通过让学生收集、整理、总结和应用有关信息资料，培养学生自主学习的能力；

3．以学习小组为单位组织学习任务，培养学生团结协作意识和沟通表达能力；

4．通过对灌木园林植物不断深入的学习和认识，提高学生的园林艺术欣赏水平和珍爱植物的品行。

【任务设置】

1．学习任务：了解园林绿化中灌木的作用；能够识别常见的灌木园林植物种类。

2．工作任务：灌木园林植物调查。请调查所在学校或城市园林绿化中的灌木，并根据调查结果对绿化中灌木的配置提出合理化的建议。

【相关知识】

灌木是指没有明显的主干、呈丛生状态的树木。灌木一般可分为观花、观果、观枝干等几类。常见灌木有玫瑰、杜鹃、牡丹、小檗、黄杨、铺地柏、连翘、月季等。

一、灌木在园林中的应用

我国灌木资源丰富，有 6 000 余种。许多灌木可作为观赏植物栽培，用于装点园林，形成立体层次，尤其是花灌木，在园林中应用十分广泛。

第一，形成良好的群体效应。花灌木色彩丰富，观赏性强，是园林绿化中不可缺少的植物材料，可群植显示大色块的群体效果，美化环境。

第二，适应性强，有利于保护环境。花灌木种类多，能够适应不同环境，还可起到保持水土、调节气候、消除噪声、吸收有害气体、减少粉尘、净化空气的作用。

第三，具有良好的装饰效果。花灌木形态各异，通过人工措施，可以塑造成各种形状，如花球、花篮、花篱、花墙、花带、动物造型、几何造型等，极大地丰富城市景观。

第四，保护生物多样性。花灌木可以提供蜜源，为鸟类、昆虫、微生物提供栖息场所。这非常有利于形成鸟语花香、蝶舞花间的生态景观，更有利于形成稳定的生物圈环境。

二、常见的灌木园林植物

下面介绍一些在园林绿化中常见的灌木园林植物。

微课：珍珠梅、火棘

1. 珍珠梅［*Sorbaria Sorbifolia*（**L.**）**A.Br.**］（图 5-46）

科属：蔷薇科、珍珠梅属。

别称：山高粱条子、高楷子、八本条。

形态特征：落叶灌木，高 2 ～ 3 m。枝开展；小枝弯曲，无毛或微被短柔毛，幼时嫩绿色，老时暗黄褐色或暗红褐色。奇数羽状复叶，小叶 13 ～ 21 枚，对生，卵状披针形至三角状披针形，重锯齿，长 8 ～ 13 cm，无毛。花小，白色，顶生圆锥花序大，长 15 ～ 20 cm，雄蕊 20 枚，与花瓣等长或稍短。蓇葖果长圆形，具顶生弯曲的花柱；果梗直立，宿存萼片反折，稀开展。花期 6 ～ 8 月，果熟期 9 ～ 10 月。

地理分布：河北、江苏、山西、山东、河南、陕西、甘肃和内蒙古地区均有分布。

图 5-46　珍珠梅

生长习性：喜光又耐阴、耐寒、性强健，不择土壤。萌蘖性强、耐修剪。生长迅速。

繁殖方法：可播种、扦插及分株繁殖。

园林用途：珍珠梅的花、叶清丽，花期很长且正值夏季少花季节，在园林应用上是十分受欢迎的观赏树种，宜丛植于草地边缘、林缘、墙边、路边、水旁，也可做自然绿篱栽植，也可配置于建筑物背阴处。

2. 火棘［*Pyracantha fortuneana*（**Maxim.**）**Li**］（图 5-47）

科属：蔷薇科、火棘属。

别称：救军粮。

形态特征：常绿灌木，株高约 3 m。枝拱形下垂，侧枝短，先端成尖刺，幼枝被锈色柔毛。叶多为倒卵状长圆形，长 1.5 ～ 6 cm，先端圆钝微凹，基部楔形，

图 5-47 火棘

缘具圆钝齿。复伞房花序，花小、白色。梨果近球形，橘红或深红色。花期 3 ～ 5 月，果熟期 8 ～ 11 月。

地理分布：主要分布在华中、华东、西南等地区。

生长习性：喜光，稍耐阴，不耐寒，耐旱力强，要求土壤排水良好，山地、平地都能生长。萌芽力强，耐修剪。

繁殖方法：一般用播种繁殖，秋季采种后即播，也可在晚夏进行软枝扦插。

园林用途：火棘枝叶繁茂，春季白花朵朵，入秋红果满枝，经久不落，是良好的庭园观果植物。可用作绿篱及盆景材料，也可丛植于草坪、园角、路隅、岩坡、池畔。

3. 榆叶梅［*Amygdalus triloba*（**Lindl.**）**Ricker**］（图 5-48）

科属：蔷薇科、桃属。

别称：小桃红。

形态特征：落叶灌木，高 2 ～ 3 m，小枝细，无毛或微被毛。单叶互生，呈椭圆形至倒卵形。长 3 ～ 5 cm，顶端渐尖，有时三裂，基部呈广楔形，边缘有粗锯齿。花单生或簇生，先叶开放，花梗短，紧贴生在枝条上，花径 2 ～ 3.5 cm，初开多为深红，渐渐变为粉红色，最后变为粉白色，花有单瓣、重瓣和半重瓣之分。核果球形，径 1 ～ 1.5 cm，红色，密被柔毛，有沟，果肉薄。花期 3 ～ 4 月，果熟期 6 ～ 7 月。

微课：榆叶梅、
棣棠

地理分布：主要分布于我国北部。黑龙江、吉林、辽宁、内蒙古、河北、山西、陕西、甘肃、山东、江西、江苏、浙江等省区均有分布，中国各地多数公园内均有栽植。

生长习性：喜光，耐寒、耐旱，对轻度碱土也能适应，不耐水涝，根系发达。

繁殖方法：可采用分株、嫁接、压条、扦插、播种等方法进行繁殖。其中，采用分株及嫁接方法繁殖为多。

园林用途：因其叶似榆树，花如梅，故名"榆叶梅"。榆叶梅枝叶茂密，花繁似锦，是北方春季园林中的重要观花灌木，宜植于公园草地、路边，或庭园中的墙角、池畔等处，若植于常绿树前，或配置于山石处，则更能产生良好的观赏效果。

图 5-48　榆叶梅

4. 棣棠［*Kerria japonica*（L.）DC.］（图 5-49）

科属：蔷薇科、棣棠属。

别称：蜂棠花、金棣棠梅、黄榆梅、清明花。

形态特征：落叶灌木，高 1 ～ 2 m；小枝绿色，无毛。叶片卵形至卵状披针形，顶端渐尖，基部圆形或微心形，边缘有锐重锯齿，表面无毛或疏生短柔毛，背面或沿叶脉、脉间有短柔毛。花金黄色，萼片卵状三角形或椭圆形，边缘有极细齿；花柱与雄蕊等长。瘦果黑色，扁球形。花期 4 ～ 5 月，果熟期 7 ～ 8 月。

图 5-49　棣棠

地理分布：原产自我国华北至华南地区，分布在安徽、浙江、江西、福建、河南、湖南、湖北、广东、甘肃、陕西、四川、云南、贵州、北京、天津等地。

生长习性：喜温暖湿润和半阴环境，耐寒性较差，对土壤要求不高，以肥沃、疏松的砂质壤土生长最好。

繁殖方法：常用分株、扦插和播种法繁殖。

园林用途：棣棠花色金黄，枝叶鲜绿，花期从春末到初夏，柔枝垂条，缀以金英，别具风韵，是优良的观花植物。其适宜栽植在花境、花篱或建筑物周围做基础种植材料，在墙际、水边、坡地、路隅、草坪、山石旁丛植或成片配置，也可做切花。

5. 贴梗海棠［*Chaenomeles speciosa*（**Sweet**） **Nakai**］（图 5-50）

科属：蔷薇科、木瓜属。

别称：铁脚海棠、铁杆海棠、皱皮木瓜、川木瓜、宣木瓜。

形态特征：落叶灌木，高达 2 m，小枝圆柱形无毛，有刺。叶片卵形至椭圆形，长 3 ～ 10 cm，宽 1.5 ～ 5 cm，先端急尖，稀圆钝，基部楔形至宽楔形，边缘具尖锐细锯齿，表面微光亮，深绿色，无毛，背面淡绿色，无毛。花 3 ～ 5 朵簇生于 2 年生老枝上，先叶后花或花叶同放，红色、粉红色、淡红色或白色。梨果球形或长圆形，黄色或黄绿色，长约 8 cm，干后果皮皱缩。花期 3 ～ 5 月，果熟期 10 月。

微课：贴梗海棠、金山绣线菊

地理分布：产自陕西、甘肃、四川、贵州、云南、广东，缅甸也有分布。

生长习性：喜光，较耐寒，不耐水淹，不择土壤，但喜肥沃、深厚、排水良好的土壤。

繁殖方法：主要用分株、扦插和压条繁殖，也可播种。

图 5-50　贴梗海棠

园林用途：贴梗海棠花色艳丽，是重要的观花灌木，适于在庭院墙隅、路边、池畔种植，也是盆栽观赏和制作盆景的优良材料。

6. 金山绣线菊（*Spiraea japonica* **Gold Mound.**）（图 5-51）

科属：蔷薇科、绣线菊属。

形态特征：落叶小灌木，高达 30 ～ 60 cm，冠幅可达 60 ～ 90 cm。老枝褐色，新枝黄色，枝条呈折线状，不通直，柔软。叶卵状，互生，叶缘有桃形锯齿，叶 3 月上旬开始萌芽，新叶金黄；老叶黄色，夏季黄绿色；8 月中旬开始叶色转金黄；10 月中旬后，叶色带红晕；12 月初开始落

图 5-51　金山绣线菊

叶。花蕾及花均为粉红色，10 ～ 35 朵聚成复伞形花序，花期 5 月中旬至 10 月中旬，盛花期为 5 月中旬至 6 月上旬，花期长，观花期 5 个月。

地理分布：原产自北美，于 1995 年引种到济南，现今我国多地有分布。

生长习性：喜光照及温暖湿润的气候，在肥沃的土壤中生长旺

微课：绣线菊识别与应用

盛，耐寒性较强，适宜在我国长江以北多数地区栽培。

繁殖方法：扦插或分株繁殖。

园林用途：适合做观花赏叶地被，种在花坛、花境、草坪、池畔等地，宜与紫叶小檗、桧柏等配置成模纹，也可丛植、孤植、群植做色块或列植做绿篱。

7. 珍珠绣线菊（*Spiraea thunbergii* **Bl.**）（图 5-52）

科属：蔷薇科、绣线菊属。

别称：雪柳、珍珠花。

形态特征：落叶灌木，高可达 1.5 m。枝条纤细而开展，呈弧形弯曲，小枝有棱角，幼时密被柔毛，褐色，老时红褐色，无毛。叶条状披针形，长 2 ～ 4 cm，宽 0.3 ～ 0.7 cm，先端长渐尖，基部狭楔形，边缘有锐锯齿，羽状脉；叶柄极短或近无柄。伞形花序无总梗或有短梗，基部有数枚小叶片，每花序有 3 ～ 7 花，花梗长 6 ～ 10 mm，花白色。蓇葖果 5，开张，宿存花柱近顶生，有宿存直立或反折的萼片。花期 4 ～ 5 月，果熟期 7 月。

图 5-52　珍珠绣线菊

地理分布：原产自我国华东地区，陕西、辽宁等省也有栽培。

生长习性：喜光也稍耐阴，抗寒，抗旱，喜温暖湿润的气候和深厚肥沃的土壤，萌蘖力和萌芽力均强，耐修剪。

繁殖方法：播种、扦插、分株繁殖，为保持品种的纯性，一般采用扦插繁殖。

园林用途：花白色密集，叶秋季变红，是优美的观赏花木。

8. 李叶绣线菊（*Spiraea prunifolia* **Sieb.et Zucc.**）（图 5-53）

科属：蔷薇科、绣线菊属。

别称：李叶笑靥花、笑靥花。

形态特征：落叶灌木，高达 3 m，枝细长，稍有棱角，微生短柔毛或近于光滑。叶小，椭圆形至椭圆

图 5-53　李叶绣线菊

状长圆形，长 1.5～3.0 cm，先端尖，缘有小齿，叶背光滑或有细短柔毛。花序伞形，无总梗，具 3～6 朵花，基部具少数叶状苞；花白色，重瓣，花梗细长。花期 4～5 月，果熟期 7～8 月。

地理分布：主要产自我国长江流域，分布在山东、江苏、浙江、江西、湖南、福建、广东、台湾等地，日本、朝鲜也有栽培。

生长习性：喜光，稍耐阴，耐寒，耐旱，耐瘠薄，也耐湿，对土壤要求不高，在肥沃湿润的土壤中生长最为茂盛。萌蘖性、萌芽力强，耐修剪。

繁殖方法：扦插或分株繁殖。

园林用途：李叶绣线菊春天展花，色洁白，繁密似雪，如笑靥。可丛植在池畔、山坡、路旁或树丛的边缘，也可成片群植于草坪及建筑物角隅。

9．麻叶绣线菊（*Spiraea cantoniensis* **Lour.**）（图 5-54）

科属：蔷薇科、绣线菊属。

别称：麻叶绣球、麻叶绣球绣线菊、石棒子。

形态特征：灌木，高达 1.5 m；小枝细瘦，圆柱形，呈拱形弯曲，幼时暗红褐色，无毛；冬芽小，卵形，先端尖，无毛，有数枚外露鳞片。叶片菱状披针形至菱状长圆形，长 3～5 cm，宽 1.5～2 cm，先端急尖，基部楔形，边缘自近中部以上有缺刻状锯齿，上面深绿色，下面灰蓝色，两面无毛，有羽状叶脉；叶柄长 4～7 mm，无毛。伞房花序具多数花朵；花梗长 8～14 mm，无毛；苞片线形，无毛；花直径 5～7 mm；萼筒钟状，外面无毛，内面被短柔毛，萼片三角形或卵状三角形，先端急尖或短渐尖，内面微被短柔毛；花瓣近圆形或倒卵形，先端微凹或圆钝，长与宽各 2.5～4 mm，白色；雄蕊 20～28，稍短于花瓣或与花瓣等长；花盘由大小不等的近圆形裂片组成，裂片先端有时微凹，排列成圆环形；子房近无毛，花柱短于雄蕊。蓇葖果直立开张，无毛，花柱顶生，常倾斜开展，具直立开张萼片。花期 4～5 月，果期 7～9 月。

图 5-54　麻叶绣线菊

地理分布：主要分布于广东、广西、福建、浙江、江西等省，河北、河南、陕西、安徽、江苏也有栽培。

生长习性：喜温暖和阳光充足的环境，稍耐寒、耐阴，较耐干旱，忌湿涝，分蘖力强，生长适温在 15 ℃～ 24 ℃，冬季能耐 −5 ℃低温。土壤以肥沃、疏松和排水良好的砂质壤土为宜。

园林用途：花繁密，盛开时枝条全被细小的白花覆盖，形似一条条拱形玉带，洁白可爱，叶清丽。其可成片配置于草坪、路边、斜坡、池畔，也可单株或数株点缀在花坛。

10．粉花绣线菊（*Spiraea japonica* **L.f**）（图 5-55）

科属：蔷薇科、绣线菊属。

别称：蚂蟥梢、火烧尖、日本绣线菊。

形态特征：直立灌木，高达 1.5 m；枝条细长，开展，小枝近圆柱形，无毛或幼时被短柔毛；冬芽卵形，先端急尖，有数个鳞片。叶片卵形至卵状椭圆形，长2～8 cm，宽 1～3 cm，先端急尖至短渐尖，基部楔形，边缘有缺刻状重锯齿或单锯齿，上面暗绿色，无毛或沿叶脉微具短柔毛，下面色浅或有白霜，通常沿叶脉有短

图 5-55　粉花绣线菊

柔毛，叶柄长 1～3 mm，具短柔毛。 复伞房花序生于当年生的直立新枝顶端，花朵密集，密被短柔毛；花梗长 4～6 mm；苞片披针形至线状披针形，下面微被柔毛；花直径 4～7 mm，花萼外面有稀疏短柔毛，萼筒钟状，内面有短柔毛；萼片三角形，先端急尖，内面近先端有短柔毛。花瓣卵形至圆形，先端通常圆钝，长 2.5～3.5 mm，宽 2～3 mm，粉红色；雄蕊 25～30 枚，远较花瓣长；花盘圆环形，约有 10 个不整齐的裂片。蓇葖果半开张，无毛或沿腹缝有稀疏柔毛，花柱顶生，稍倾斜开展，萼片常直立。花期6～7 月，果熟期 8～9 月。

地理分布：原产自日本和朝鲜半岛，我国华东地区有引种栽培。

生长习性：喜光，阳光充足则开花量大，耐半阴；耐寒性强，能耐 −10 ℃低温，喜四季分明的温带气候，在无明显四季交替的亚热带、热带地区生长不良；耐瘠薄、不耐湿，在湿润且肥沃富含有机质的土壤中生长茂盛，生长季节需水分较多，但不耐积水，也有一定的耐干旱能力。

繁殖方法：分株、扦插或播种繁殖。

园林用途：粉花绣线菊花色妖艳，甚为醒目，且花期正值少花的春末夏初，应大力推广应用。可成片配置于草坪、路边、花坛、花境，或丛植于庭园一隅，也可做绿篱，盛开时宛若锦带。

11．红叶石楠（*Photinia × fraseri* **Dress.**）（图 5-56）

科属：蔷薇科、石楠属。

别称：火焰红、千年红。

形态特征：红叶石楠是蔷薇科石楠属杂交种的统称，常绿灌木，高 1～2 m，株

形紧凑。叶革质，长椭圆形至倒卵披针形，夏季转绿，秋、冬、春三季呈现红色，霜重色越浓，低温色更佳，红叶石楠因其鲜红色的新梢和嫩叶而得名。复伞房花序顶生，总花梗和花梗无毛，花梗长 3 ~ 5 mm；花白色，直径 1 ~ 1.2 cm。梨果球形，直径 7 ~ 10 mm，红色或褐紫色，能延续至冬季。花期 5 ~ 7 月，果熟期 10 月。

地理分布：我国华东、中南及西南地区有栽培，随着城市园林绿化的蓬勃发展，在北京、天津、山东、河北、陕西等地均有引种栽培。

生长习性：喜强光，但也非常耐阴，喜欢生长在温暖、湿润的环境里；对土壤的要求不高，适合生长在微酸性的土壤中，以砂质土壤栽培为佳，在红、黄土壤中也能正常生长；对气候的要求也不高，能耐 –18 ℃的低温，在我国的南北各地都可以进行栽培。红叶石楠生长速度快，萌芽性强，耐修剪，易于移植、成形。

繁殖方法：组织培养或扦插。

园林用途：枝繁叶茂，树冠圆球形，早春嫩叶绛红，初夏白花点点，秋末累累赤实，冬季老叶常绿，是绿化树种中不可多得的红叶系列的观叶彩叶树种。在园林绿地中作为色块植物片植，或与其他彩叶植物组合成各种图案。也可培育成主干不明显、丛生形的大灌木，群植成大型绿篱或幕墙，在居住区、厂区绿地、街道或公路绿化隔离带应用。红叶石楠还可培育成独干、球形树冠的乔木，在绿地中作为行道树或孤植作为庭荫树，也可盆栽在门廊及室内布置。它对二氧化硫、氯气有较强的抗性，具有隔声功能，适用街坊、厂矿绿化。

图 5-56　红叶石楠

12. 平枝栒子（*Cotoneaster horizontalis* Decne.）（图 5-57）

科属：蔷薇科、栒子属。

别称：铺地蜈蚣、小叶栒子、矮红子。

形态特征：落叶或半常绿匍匐灌木，高不超过 0.5 m，枝水平开张成整齐两列状，小枝圆柱形，幼时外被糙伏毛，老时脱落，黑褐色。叶片近圆形或宽椭圆形，稀倒卵形，长 5 ~ 14 mm，宽 4 ~ 9 mm，先端多数急尖，基部楔形，全缘，上面无毛，下面有稀疏平贴柔毛；叶柄长 1 ~ 3 mm，被柔毛；托叶钻形，早落。花 1 ~ 2 朵，近无梗，直径 5 ~ 7 mm；萼筒钟状，外面有稀疏短柔

微课：平枝栒子

毛，内面无毛；萼片三角形，先端急尖，外面微具短柔毛，内面边缘有柔毛；花瓣直立，倒卵形，先端圆钝，长约4 mm，宽3 mm，粉红色；雄蕊约12枚，短于花瓣；花柱常为3，有时为2，离生，短于雄蕊；子房顶端有柔毛。果实近球形，直径4～6 mm，鲜红色，常具3小核，稀2小核。花期5～6月，果熟期9～10月。

图 5-57　平枝栒子

地理分布： 分布于我国陕西、甘肃、湖北、湖南、四川、贵州、云南，生于海拔2 000～3 500 m的灌木丛中或岩石坡上。

生长习性： 喜温暖湿润的半阴环境，耐干燥和瘠薄的土地，不耐湿热，有一定的耐寒性，怕积水。

繁殖方法： 常用扦插和种子繁殖。

园林用途： 平枝栒子枝叶横展，叶小而稠密，花密集于枝头，晚秋时叶呈红色，红果累累，是集观花、果、叶于一体的优秀园林植物，可作为布置岩石园、庭院、绿地和墙沿、角隅的优良材料。另外，可作地被和制作盆景，果枝也可用于插花，还可作基础种植。

13. 玫瑰（*Rosa rugosa* Thunb.）（图 5-58）

科属： 蔷薇科、蔷薇属。

别称： 刺玫花、徘徊花、刺客、穿心玫瑰。

形态特征： 落叶丛生灌木，高达2 m，茎粗壮，丛生，灰褐色，有茎刺。奇数羽状复叶互生，小叶5～9枚，椭圆形或椭圆状倒卵形，先端急尖或圆钝，深绿色，叶脉下陷，多皱；疏生小茎刺和刺毛。花单生于叶腋或数朵聚生，直径4～5.5 cm，紫红色，重瓣至半重瓣，芳香。蔷薇果扁球形，熟时红色，内有多数小瘦果，萼片宿存。花期5～6月，果熟期8～9月。

微课：玫瑰、蔷薇、月季

图 5-58　玫瑰

常见的变种、品种如下：

（1）紫玫瑰（var.*typica* Reg）：花玫瑰紫色。

（2）红玫瑰（var.*rosea* Rehd）：花玫瑰红色。

（3）白玫瑰（var.*alba* W.Robins）：花白色。

（4）重瓣紫玫瑰（var.*plena* Reg）：花玫瑰紫色，重瓣，香气馥郁，品质优良，多不结实或种子瘦小，各地栽培最广。

（5）重瓣白玫瑰（var.*albo–plena* Rehd）：花白色，重瓣。

地理分布：原产自我国华北、西北、西南等地，各地都有栽培，以山东、北京、河北、河南、陕西、新疆、江苏、四川、浙江、广东最多。

生长习性：喜阳光，耐旱、耐涝，也能耐寒冷，适宜生长在较肥沃的砂质土壤中。

繁殖方法：分株、扦插、嫁接繁殖。

园林用途：玫瑰是城市绿化和园林的理想花木，适用做花篱，也是街道庭院园林绿化、花境、花坛及百花园的材料，单植修剪造型，点缀广场草地、堤岸、花池，成片栽植花丛。花期玫瑰可分泌植物杀菌素，杀死空气中大量的病原菌，有益人们身体健康；花期玫瑰还可提取芳香油，为世界名贵香精。

14. 月季（*Rosa chinensis* Jacq.）（图 5-59）

科属：蔷薇科、蔷薇属。

别称：月月红、月月花、长春花、四季花、胜春。

形态特征：常绿或半常绿灌木，茎直立，棕色，具钩刺或无刺，也有几乎无刺的，小枝绿色。奇数羽状复叶，小叶 3～5 枚，稀 7 枚，小叶片宽卵形至卵状长圆形，先端长渐尖或渐尖，基部近圆形或宽楔形，边缘有锐锯齿，两面近无毛，上面暗绿色，常带光泽，下面颜色较浅，顶生小叶片有柄，侧生小叶片近无柄，总叶柄较长，有散生皮刺和腺毛；托叶大部贴生于叶柄，仅顶端分离部分成耳状，边缘常有腺毛。花朵常簇生，稀单生，花色甚多，色泽各异，有"花中皇后"的美称。果卵球形或梨形。花期 4～9 月，果熟期 6～11 月。

常见的变种、品种如下：

（1）月月红（var.*semperflorens* Koehne）：又名紫月季，茎枝纤细，常带紫红晕，叶较薄，花多单生，紫红至深粉红，花枝细长而下垂，花期长。

（2）绿月季（var.*viridiflora* Dipp）：花淡绿色，花大。花瓣变成绿叶状。

（3）小月季（var.*minima* Voss）：植株矮小，一般不超过 25 cm，多分枝，花较小，玫瑰红色，单瓣或重瓣。

（4）变色月季（f.*mutabilis* Rehd）：幼枝紫色，幼叶古铜色。花单瓣，初为黄色，继变橙红色，最后变暗红色。

地理分布：原产自湖北、云南、四川、湖南、广东、江苏等省，现国内外普遍栽培。

生长习性：适应性强，耐寒耐旱，对土壤要求不高，但以富含有机质、排水良好的微酸性砂质壤土为宜。喜光，但过多强光直射会对花蕾发育不利，花瓣易焦枯，喜温暖，一般气温在 22 ℃～25 ℃最为适宜，夏季高温对开花不利。

繁殖方法：以嫁接、扦插为主，也可播种或分株繁殖。

园林用途：月季是中国传统的十大名花之一，也是世界四大切花之一。其花色艳丽，花期长，是布置园林的好材料，可用于布置花坛、花境、庭院花材，可制作月季盆景，做切花、花篮、花束等，配置在草坪、庭园、假山、园路角隅等处也很合适。

图 5-59　月季

15. 蔷薇（*Rosa multiflora* **Thunb.**）（图 5-60）

科属： 蔷薇科、蔷薇属。

别称： 野蔷薇、刺红、买笑。

形态特征： 为直立、蔓延或攀缘灌木，多数被有皮刺、针刺或刺毛，稀无刺，有毛、无毛或有腺毛。叶互生，奇数羽状复叶，小叶 5～9 枚，倒卵形或椭圆形，先端急尖，边缘有锐锯齿。多花簇生组成圆锥状伞房花序，花径 2～3 cm；花瓣 5 枚，先端微凹，野生蔷薇为单瓣，也有重瓣栽培品种；花有红、白、粉、黄、紫、黑等颜色，红色居多，黄蔷薇为上品，具芳香。蔷薇每年开花一次，瘦果近球形，红褐色或紫褐色，径约 6 mm，光滑无毛，花期 5～9 月。

图 5-60　蔷薇

地理分布： 我国各地均有栽培，主要分布于华东、中南等地。

生长习性： 喜阳光，也耐半阴，较耐寒，在我国北方大部分地区都能露地越冬。对土壤要求不高，耐干旱，耐瘠薄，但栽植在土层深厚、疏松、肥沃湿润且排水通畅的土壤中则会生长更好，也可在黏重土壤中正常生长。不耐水湿，忌积水，萌蘖性强，耐修剪，抗污染。

繁殖方法： 多用当年嫩枝扦插育苗，也可用压条或嫁接法繁殖。

园林用途： 可用于垂直绿化，布置花墙、花门、花廊、花架、花格、花柱、绿廊、绿亭，点缀斜坡、水池坡岸，装饰建筑物墙面或配植花篱，也是嫁接月季的优良砧木。

16．红瑞木（*Cornus alba* **Linn.**）（图 5-61）

科属： 山茱萸科、梾木属。

别称： 凉子木、红瑞山茱萸。

微课：红瑞木

形态特征： 落叶灌木，高达 3 m，树皮暗红色，枝血红色，初时被有蜡状白粉。叶对生，纸质，椭圆形，稀卵圆形，先端突尖，基部楔形或阔楔形，边缘全缘或波状反卷，上面绿色，散生伏毛，下面粉绿色，被白色伏毛，有明显叶脉 5 ～ 6 对。伞房状聚伞花序顶生，花小，白色或淡黄白色。果实乳白或蓝白色。花期 6 ～ 7 月，果熟期 8 ～ 10 月。

地理分布： 产自黑龙江、吉林、辽宁、内蒙古、河北、陕西、甘肃、青海、山东、江苏、江西等省区。朝鲜、俄罗斯及欧洲其他地区也有分布。

生长习性： 极耐寒、耐旱、耐修剪，喜光，喜较深厚湿润但肥沃疏松的土壤。

繁殖方法： 播种、扦插和压条法繁殖。

园林用途： 白花、绿叶、红枝，特别是秋叶变红、入冬枝干鲜红，使之成为颇受喜爱却较为少见的观花、观茎树种，浓密的红枝在银装素裹的冬日分外醒目。与绿枝棣棠、金枝瑞木配植，形成五彩的观茎效果。园林中多丛植草坪上或与常绿乔木相间种植，得到红绿相映的效果。

图 5-61　红瑞木

17．迎春（*Jasminum nudiflorum* **Lindl.**）（图 5-62）

科属： 木犀科、素馨属。

别称： 金腰带、串串金、迎春柳。

形态特征： 落叶灌木，丛生，高 0.4 ～ 4 m。枝绿色，细长直出或拱形，幼枝呈四棱形，绿色。三出复叶，小叶卵状至长圆状卵形，对生，全缘，叶缘有短睫毛。花较小，直径 2 ～ 2.5 cm，单生叶腋，先叶开放，花萼 5 ～ 6 枚，花冠黄色，裂片 6 枚，单瓣，雄蕊 2 枚，子房上位。花期 2 ～ 4 月，栽培通常不结果。

图 5-62　迎春

地理分布：产自我国北部、西北、西南各地，现各地均有栽培。

生长习性：喜光，稍耐阴，抗旱御寒力强，不择土壤而以排水良好的中性砂质土最适宜。浅根性，萌蘖力强，生长较快，耐修剪易整形。

繁殖方法：扦插为主，也可压条和分株繁殖。

园林用途：迎春花色金黄，开花早，与梅花、水仙、山茶同誉为"雪中四友"。在公园、庭园中常丛植于池畔、园路转角、林缘、草坪一角，配假山石、悬崖、石隙。

18. 连翘［*Forsythia suspensa*（**Thunb.**）**Vahl.**］（图 5-63）

科属：木犀科、连翘属。

别称：黄花条、一条金。

形态特征：落叶灌木，高 1～3 m。茎直立，枝开展或下垂，灰褐色，略呈四棱形，节间中空，节部具实心髓。叶为单叶对生或羽状三出复叶，纸质，卵形，宽卵形或椭圆状卵形，边缘除基部外，有锯齿。花先叶开放，金黄色，常单生于叶腋，花萼钟状，4 深裂达基部，裂片长圆形，长 5～7 mm，与花冠筒近等长。蒴果卵圆形，表面散生疣点。花期 3～4 月，果熟期 7～9 月。

地理分布：产自我国河北、山西、陕西、山东、安徽西部、河南、湖北、四川。生于山坡灌丛、林下或草丛中，或山谷、山沟疏林中。

生长习性：喜光，有一定程度的耐阴性、耐寒、耐干旱瘠薄，怕涝，不择土壤，根系发达生长快，萌蘖力强，抗病虫害能力强。

繁殖方法：可扦插、播种、分株繁殖。扦插于 2～3 月进行，播种在秋季 10 月采种后，经湿沙层积于翌年 2～3 月条播。

园林用途：连翘早春先叶开花，花开香气淡艳，满枝金黄，艳丽可爱，是早春优良观花灌木。其适宜配置在宅旁、亭阶、墙隅、篱下与路边，也宜在溪边、池畔、岩石、假山下栽种。因根系发达，可做花篱或护堤树栽植。

图 5-63　连翘

19. 锦带花［*Weigela florida*（**Bunge**）**A.DC.**］（图 5-64）

科属：忍冬科、锦带花属。

别称：无色海棠、海仙花、山芝麻。

形态特征：落叶灌木，高3m，小枝细弱，幼时具两列柔毛。叶椭圆形或卵状椭圆形，长5～10 cm，先端锐尖，基部圆形至楔形，缘有锯齿。花冠漏斗状钟形，玫瑰红色，1～4朵组成聚伞花序。种子无翅。花期4～6月，果熟期10月。

地理分布：分布于我国黑龙江、吉林、辽宁、内蒙古、山西、陕西、河南、山东北部、江苏北部等地。生长在海拔100～1 450 m的杂木林下或山顶灌木丛中。

生长习性：喜光，耐阴、耐寒，对土壤要求不高，能耐瘠薄土壤，但在深厚、湿润且腐殖质丰富的土壤生长为宜，怕水涝，萌芽力强，生长迅速。

繁殖方法：常用扦插、分株、压条法繁殖，为选育新品种，可采用播种繁殖。

园林用途：锦带花枝叶繁茂，花色艳丽，花期长达两月之久，是华北地区春季主要花灌木之一。其适宜群植在庭园角隅或湖畔，也可在树丛、林缘做花篱、花丛配植，还可点缀于假山、坡地。对氯化氢抗性强，是良好的抗污染树种，花枝可供瓶插。

图5-64　锦带花

20．牡丹（*Paeonia suffruticosa* **Andr.**）（图5-65）

科属：毛茛科、芍药属。

别称：洛阳花。

形态特征：多年生落叶小灌木，高0.5～2 m。枝干直立而脆，圆形，当年生枝光滑，黄褐色，常开裂而剥落。叶互生，叶片通常为二回三出复叶，枝上部常为单叶，小叶片有披针、卵圆、椭圆等形状，顶生小叶常为2～3裂，叶上面深绿色或黄绿色，下为灰绿色，光滑或有毛；总叶柄长8～20 cm，表面有凹槽。花单生于当年枝顶，两性，花大色艳，形美多姿，花径10～30 cm；花有白、黄、粉、红、紫红、紫、墨紫（黑）、雪青（粉蓝）、绿、复色10大颜色；雄雌蕊常有瓣化现象。花期4～5月。

地理分布：原产自我国陕西省，现北方地区也广泛栽培。

生长习性：喜凉恶热，宜燥惧湿，可耐-30 ℃的低温，在年平均相对湿度45%左右的地区可正常生长。喜阴，稍不耐阳；要求疏松、肥沃、排水良好的中性土壤或砂质土壤，忌黏重土壤或在低温处栽植。

繁殖方法：常用分株和嫁接法繁殖，也可用播种和扦插繁殖。

　　园林用途：牡丹为我国特有的木本名贵花卉，花大色艳、雍容华贵、富丽端庄、芳香浓郁，并且品种繁多，素有"国色天香""花中之王"的美称。其长期以来被人们当作富贵吉祥、繁荣兴旺的象征，其中，以洛阳、菏泽牡丹最负盛名，可在公园和风景区建立专类园，或在古典园林和居民院落中筑花台养殖，或在园林绿地中自然式孤植、丛植或片植。

图 5-65　牡丹

21. 小檗（*Berberis thunbergii* **DC.**）（图 5-66）

　　科属：小檗科、小檗属。

　　别称：三颗针、狗奶子、酸醋溜、刺刺溜、刺黄连、刺黄柏。

　　形态特征：落叶灌木，株高约 2.5 m，嫩枝紫红色，具针状刺，刺通常单一不分叉。单叶互生，菱状倒卵形或匙状矩圆形，全缘，表面暗绿色，背面灰绿色。伞形花序近簇生，有花 2～5 朵，花黄色。浆果椭圆形，鲜红色。花期 4～6 月，果熟期 8～11 月。

　　地理分布：原产自我国东北南部、华北及秦岭地区，通常生长在海拔为 1 000 m 左右的林缘或疏林空地。

　　生长习性：喜光、喜温暖湿润环境，稍耐阴，也耐寒。对土壤要求不高，但以肥沃且排水良好的砂质壤土生长为宜。萌芽力强，耐修剪。

　　繁殖方法：分株、播种或扦插繁殖。主要用播种繁殖，春播或秋播均可。

　　园林用途：小檗分枝密而有刺，姿态圆整，春开黄花，秋结红果，深秋叶色紫红，果实经冬不落，是花、果、叶俱佳的观赏花木，适宜在园林中孤植、丛植或栽做绿篱。

图 5-66　小檗

22．南天竹（*Nandina. domestica* **Thunb.**）（图 5-67）

科属：小檗科、南天竹属。

别称：天竹、兰竹。

形态特征：常绿小灌木，株高 1～3 m，丛生而少分枝，幼枝常为红色。叶对生，2～3 回奇数羽状复叶，总叶柄基部有褐色抱茎的鞘，中轴有关节，小叶椭圆状披针形，全缘，先端渐尖，基部楔形，两面无毛。圆锥花序顶生，花小白色。浆果球形，熟时红色。花期 5～6 月，果熟期 9～10 月。

地理分布：我国江苏、浙江、安徽、江西、湖北、四川、陕西、河北、山东等省均有分布，生长在海拔 1 000 m 以下的山坡、谷地灌丛中，现国内外庭园广泛栽培。

生长习性：喜温暖多湿及通风良好的半阴环境。较耐寒，能耐微碱性土壤，强光下叶色变红，适宜在湿润肥沃且排水良好的砂质壤土生长。

繁殖方法：以播种、分株为主，也可用扦插繁殖。

园林用途：南天竹树姿秀丽，翠绿扶疏。红果累累，圆润光洁，是常用的观叶、观果植物，无论地栽、盆栽还是制作盆景，都具有很高的观赏价值。绿叶红果的南天竹，株丛可与蜡梅同植一盆或并列陈置，还可与红梅、象牙红等做切花并配以山石。其放在茶几或写字台上会显得光彩夺目，别有风致。

图 5-67　南天竹

23．枸骨（*Ilex cornuta* **Lindl.**）（图 5-68）

科属：冬青科、冬青属。

别称：鸟不宿、猫儿刺、老虎刺。

形态特征：常绿灌木或小乔木，高达 1～3 m，最高 10 m 以上。树皮灰白色，平滑不裂，枝开展而密生。叶片革质，矩圆形，长 4～8 cm，顶端扩大并有 3 枚大尖刺齿，中央 1 枚向背面弯，基部两侧各有 1～2 枚刺齿，表面深绿且有光泽，背面淡绿色，叶有时全缘，基部圆形，这样的叶往往长年生于枝叶腋。花小，黄绿色，簇生 2 年生枝叶腋。核果球形，鲜红色，具 4 核。花期 4～5 月，果熟期 9-10（11）月。

地理分布：产自我国长江中下游各省市。

生长习性：喜光，稍耐阴，喜温暖气候及肥沃、湿润且排水良好的微酸性土壤，耐寒性不强，颇能适应城市环境，对有害气体有较强抗性。生长缓慢，耐修剪。

繁殖方法：播种繁殖。

园林用途：枝叶稠密，叶形奇特，深绿光亮，入秋红果累累，鲜艳美丽，是良好的观叶、观果树种。宜作基础种植及岩石园材料，也可孤植于花坛中心、对植于建筑物前阶旁花池，或丛植于草坪角隅，或修剪成绿篱或作植物雕塑，也可利用老桩制作盆景，或作为圣诞树。

图 5-68　枸骨

24. 大叶黄杨（*Euonymus japonicus* **Thunb.**）（图 5-69）

科属：卫矛科、卫矛属。

别称：冬青卫矛、正木。

形态特征：常绿灌木或乔木，高可达 3 m，小枝绿色，略为四棱形。单叶对生，革质而有光泽，椭圆形至倒卵形，长 3～6 cm，先端尖或钝，基部广楔形，缘有细钝齿，两面无毛，叶柄长 6～12 mm。花绿白色，5～12 朵成密集聚伞花序，腋生枝条顶部。蒴果近球形，径 8～10 mm，淡粉红色，熟时 4 瓣裂，假种皮橙红色。花期 5～6 月，果熟期 9～10 月。

地理分布：原产自日本南部，我国南北各地均有栽培，长江流域各地尤多。

生长习性：喜光，但也能耐阴，喜温暖湿润的海洋性气候及肥沃湿润的土壤，也能耐干旱瘠薄，耐寒性不强，温度低达 -17 ℃左右即受冻害，黄河以南地区可露地种植。极耐修剪整形，生长较慢，寿命长。

繁殖方法：主要用扦插、嫁接，也可用压条和播种繁殖。

园林用途：枝叶茂密，四季常青，叶色亮绿，且有许多花叶、斑叶变种，是美丽的观叶树种。园林中常用作绿篱及背景种植材料，也可丛植草地边缘或列植于园路两旁，若加以修剪成型，则更适合用于规则式对称配植。还可将其修剪成圆球形或半球形，用于花坛中心或对植于门旁。同时，其是基础种植、街道绿化和工厂绿化的好材料。其花叶、斑叶变种更宜盆栽，用于室内绿化及会场装饰等。

图 5-69　大叶黄杨

25．卫矛［*Euonymus alatus*（**Thunb.**）**Sieb**］（图 5-70）

科属：卫矛科、卫矛属。

别称：鬼箭羽。

形态特征：落叶灌木，高约 3 m，小枝四棱形，有 2 ～ 4 排木栓质的阔翅。叶对生，叶片卵形至椭圆形，长 2 ～ 5 cm，宽 1 ～ 2.5 cm，两头尖，少钝圆，边缘有细尖锯齿，早春初发时及初秋霜后变为紫红色。花黄绿色，径 5 ～ 7 mm，常 3 朵集成聚伞花序。蒴果棕紫色，4 深裂，有时为 1 ～ 3 裂片；种子褐色，有橘红色的假种皮。花期 5 ～ 6 月，果熟期 9 ～ 10 月。

地理分布：除东北、新疆、青海、西藏、广东及海南外，全国各省区均有分布。生长于山坡、沟地边沿，分布可达日本、朝鲜。

生长习性：喜光，也稍耐阴，对气候和土壤适应性强，能耐干旱、瘠薄和寒冷，在中性、酸性及石灰性土上均能生长。萌芽力强，耐修剪，对二氧化硫有较强抗性。

繁殖方法：以播种为主，也可用扦插、分株繁殖。

园林用途：卫矛枝翅奇特，秋叶红艳耀目，果裂亦红，甚为美观，堪称观赏佳木，是优良的观叶赏果树种。卫矛可在园林中孤植或丛植于草坪、斜坡、水边，或于山石间、亭廊边配植。同时，其也是绿篱、盆栽及制作盆景的好材料。

图 5-70　卫矛

26．小叶黄杨（*Buxus microphylla* **ssp.***sinica*）（图 5-71）

科属：黄杨科、黄杨属。

别称：瓜子黄杨。

形态特征：常绿灌木或小乔木，树高 0.5～1 m，树干灰白光洁，枝条密生，枝四棱形。叶对生，薄革质，全缘，椭圆，长不及 1 cm，先端圆或微凹，表面亮绿色，背面黄绿色，有短柔毛。花簇生叶腋或枝端，黄绿色，没有花瓣，有香气。蒴果，近球形，具宿存的花柱。花期 3～4 月，果熟期 5～6 月。

图 5-71　小叶黄杨

地理分布：产自华东、华中地区，可在华北南部，长江流域及其以南地区栽培。

生长习性：阳性树，久经栽培，喜温暖湿润的海洋性气候，对土壤要求不高，以中性且肥沃壤土生长最速。适应性强，耐干旱瘠薄，极耐修剪整形。

繁殖方法：以扦插为主，也可播种。

园林用途：枝叶茂密，经久不落。其宜在公园绿地、庭前入口处群植和列植，或做花坛、树坛的背景树，或用以点缀花坛、假山，也可做绿篱材料、厂矿绿化材料及盆景材料。

27. 雀舌黄杨（*Buxus bodinieri* **Lev.**）（图 5-72）

科属：黄杨科、黄杨属。

别称：匙叶黄杨。

形态特征：常绿矮小灌木，高通常不及 1 m，分枝多而密集，成丛，树皮灰褐色，有深纵裂纹。叶对生，叶形较长，倒披针形、长圆状倒披针或倒卵状匙形，长 2～4 cm，先端钝圆或微凹，革质，有光泽；中脉两面隆起，叶柄长 1～2 mm，疏被柔毛。花小，黄绿色，密集成球状，顶部生 1 雌花，

图 5-72　雀舌黄杨

其余为雄花。蒴果卵圆形，长约 7 mm，熟时紫黄色。花期 2 月，果熟期 5～8 月。

地理分布：产自长江流域至华南、西南地区，山东、河南、河北各地常有栽培。

生长习性：喜光，也耐阴，喜温暖湿润气候，常生于湿润且腐殖质丰富的溪谷岩间，耐寒性不强，浅根性，萌蘖力强，生长慢。

繁殖方法：以扦插为主，也可压条和播种。

园林用途：植株低矮，枝叶繁茂，叶形别致，四季常青，常用于绿篱、花坛和盆栽，修剪成各种形状，是点缀小庭院和入口处的好材料。

28. 散尾葵（*Chrysalidocarpus lutescens* **H.Wendl.**）（图 5-73）

科属：棕榈科、散尾葵属。

别称： 黄椰子、紫葵。

形态特征： 丛生常绿灌木，高 2～5 m，茎粗 4～5 cm，基部略膨大。茎干光滑，黄绿色，无毛刺，嫩时披蜡粉，上有明显叶痕，呈环纹状。叶羽状全裂，长约 1.5 m，羽片 40～60 对，裂片条状披针形，左右两侧不对称，中部裂片长约 50 cm，顶部裂片仅 10 cm，先端长尾状渐尖并具不等长的短 2 裂；叶柄、叶轴、叶鞘均淡黄绿色，叶鞘圆筒形，包茎。肉穗花序圆锥状，生于叶鞘下，花小，金黄色。果近圆形，橙黄色；种子 1～3 枚，卵形至椭圆形。花期 5 月，果熟期 8 月。

地理分布： 原产自马达加斯加，现引种于我国南方各省区，在我国华南地区和西南地区适宜生长。

生长习性： 散尾葵为热带植物，喜温暖、潮湿、半阴环境，耐寒性不强，气温 20℃以下叶子发黄，越冬最低温度需在 10 ℃以上，5 ℃左右就会冻死。

繁殖方法： 播种和分株繁殖，一般盆栽多采用分株繁殖。

园林用途： 株形秀美，在华南地区多作庭园栽植，极耐阴，可栽于建筑物阴面。可做观赏树栽种于草地、树阴、宅旁，也用于盆栽观赏，是布置客厅、餐厅、会议室、家庭居室、书房、卧室或阳台的高档盆栽观叶植物。

图 5-73　散尾葵

29．一品红（*Euphorbia pulcherrima* **Willd.**）（图 5-74）

科属： 大戟科、大戟属。

别称： 象牙红、老来娇、圣诞花、圣诞红、猩猩木。

形态特征： 常绿直立灌木，株高可达 3 m，植株含乳汁，茎光滑，嫩枝绿色，老枝深褐色。单叶互生，卵状椭圆形，全缘或波状浅裂，叶质较薄，脉纹明显，顶部小叶较狭，披针形，苞片状，开花时变成朱红色，为主要观赏部位。杯状花序聚伞状排列，顶生，生于淡绿色总苞内。蒴

图 5-74　一品红

果椭圆形，褐色。花期 12 月至翌年 2 月。

地理分布：原产自墨西哥及中美洲，现各地广为栽培。

生长习性：喜温暖及阳光充足的环境，不耐寒，喜肥沃、湿润且排水良好的土壤。对水分要求高，土壤湿度过大，会引起根部发病，导致落叶；土壤湿度不足，则植物生长不良，也会落叶。

繁殖方法：主要扦插繁殖，也可嫁接繁殖。

园林用途：花色鲜艳，花期长，正值圣诞节、元旦、春节开花，盆栽布置室内环境可增加喜庆气氛；也适宜布置在公共场所。南方暖地可露地栽培，美化庭园，也可做切花。

30. 杜鹃（*Rhododendron Simsii* **Planch.**）（图 5-75）

科属：杜鹃花科、杜鹃花属。

别称：锦绣杜鹃。

形态特征：落叶灌木，高 2 ～ 5 m，分枝多而纤细，密被棕褐色扁平的糙伏毛。叶纸质，卵状椭圆形，长 2 ～ 6 cm，宽 1 ～ 3 cm，顶端尖，基部楔形，两面均有糙伏毛，背面较密。花 2 ～ 6 朵簇生于枝端；花萼 5 深裂，裂片三角状长卵形，长 2 ～ 5 mm；花冠鲜红或深红色，宽漏斗状，长 3.5 ～ 4 cm，5 裂，上方 1 ～ 3 裂片内面有深红色斑点。蒴果卵圆形，长约 1 cm，有糙伏毛。花期 4 ～ 5 月，果熟期 6 ～ 8 月。

地理分布：产自我国台湾、江苏、安徽、浙江、江西、福建、湖北、湖南、广东、广西、四川、贵州和云南，生长在海拔 500 ～ 2 500 m 的山地疏灌丛或松林下。

生长习性：喜酸性土壤，在钙质土中生长得不好，甚至不生长；性喜凉爽、湿润、通风的半阴环境，既怕酷热又怕严寒，生长适温为 12 ℃～ 25 ℃。

繁殖方法：可扦插、嫁接、压条、分株、播种繁殖，其中，以扦插法最为普遍。

园林用途：杜鹃因花冠鲜红色，为著名的花卉植物，具有较高的观赏价值。杜鹃枝繁叶茂，绮丽多姿，萌发力强，耐修剪，根桩奇特，是优良的盆景材料。在园林中，杜鹃最宜在林缘、溪边、池畔及岩石旁成丛成片栽植，也可于疏林下散植。杜鹃也是花篱的良好材料，可作专类园，也适合在庭园中作为矮墙或屏障。

图 5-75　杜鹃

31. 凤尾兰（*Yucca gloriosa* L.）（图5-76）

科属：百合科、丝兰属。

别称：菠萝花、厚叶丝兰、凤尾丝兰。

形态特征：常绿灌木，干短，有时分枝，高可达5 m。叶密集，螺旋排列茎端，质坚硬，有白粉，剑形，长40～70 cm，顶端硬尖，边缘光滑，老叶有时具疏丝。圆锥花序顶生，长达1.5 m，花大而下垂，乳白色，常带红晕。蒴果干质，下垂，椭圆状卵形，不开裂。花期6～10月。

地理分布：原产自北美东部及东南部，现我国长江流域各地普遍栽植。

生长习性：喜光，稍耐旱，在温暖、湿润、深厚的砂质壤土上能生长良好，较耐寒。

繁殖方法：扦插或种子繁殖。

园林用途：树美叶绿，是良好的庭园观赏树木，常植于花坛中央、建筑前、草坪中和路旁。

图5-76 凤尾兰

32. 丝兰（*Yucca Smalliana* Fern.）（图5-77）

科属：百合科、丝兰属。

别称：软叶丝兰、毛边丝兰。

形态特征：常绿灌木，茎很短或不明显。叶近莲座状簇生，坚硬，近剑形或长条状披针形，长25～60 cm，宽2.5～3 cm，顶端具一硬刺，边缘有许多稍弯曲的丝状纤维。花葶高大而粗壮，花近白色，下垂，排成狭长的圆锥花序，花序轴有乳突状毛，花被片长3～4 cm，花丝有疏柔毛，花柱长5～6 mm。秋季开花。

地理分布：原产自北美洲，现温暖地区广泛做露地栽培，我国偶见栽培，供观赏。

生长习性：丝兰为热带植物，性强健，容易成活，对土壤适应性很强，任何土质均能生长良好；性喜阳光充足及通风良好的环境，又极耐寒冷，抗旱能力强。

繁殖方法：分株和扦插繁殖。

园林用途：四季常青，观赏价值高，是园林绿化的重要树种。丝兰适宜在庭园、公园、花坛中孤植或丛植，常栽在花坛中心、庭前、路边、岩石、台坡，也可和其他花卉配植；丝兰适应性强，可做围篱，或种于围墙、栅栏之下，具有防护作用。

图 5-77　丝兰

※ 任务实施

1. 接受任务

（1）学生分组：4～6人/组，每组选出一名组长；

（2）由教师分配各组的调查区域。

2. 制定调查方案

每个调查小组的组长带领本组成员制定调查方案，方案内容应包括调查目的、组内分工、调查范围、调查路线、调查时间、调查方法和调查成果等。

3. 调查准备

（1）查找资料，形成初步的园林绿化灌木树种名录；

（2）确定常见灌木树种的识别特征；

（3）设计记录表格，准备调查工具，如照相机等。

4. 外业调查

按照确定的调查路线，识别和记录每种用于园林绿化的灌木树种，拍摄每种植物的识别特征照片和全景照片，并填写表 5-3。

表 5-3　（地区名）园林绿化灌木树种调查表

序号	植物名称	照片编号	分布区域	数量	生长情况
1					
2					
…					

5．内业整理

查找相关资料，对调查的植物进行整理与鉴定，并完善园林绿化灌木树种名录。

6．调查报告

根据调查的结果，每个小组自行设计格式写出一份调查报告，报告内容应包括调查目的、组内分工、调查范围、调查路线、调查时间、调查方法和调查成果（如种类、数量、生长情况分析）等，重点对结果进行分析，并提出合理化建议。

※ 任务考核

园林绿化灌木树种调查任务考核标准见表5-4。

表5-4　园林绿化灌木树种调查任务考核标准

考核项目	考核内容	分值/分	分数	考核方式
调查方案	内容完整，方案执行分工明确	10		分组考核
调查准备	名录编写正确，材料准备充分	10		分组考核
外业调查	按照预定方案执行，调查资料全面、无遗漏	10		分组考核
内业整理	植物定名正确，资料整理清楚	10		分组考核
调查报告	内容全面、数据准确、分析合理	10		分组考核
灌木树种识别能力	正确命名	10		单人考核
	识别特征	20		
	科属判断	10		
团队协作	互帮互助，合作融洽	10		单人考核

※ 知识拓展

北方地区常见十大绿篱植物

绿篱是植物在园林绿化中应用的一种重要表现形式。其多由灌木或小乔木以近距离的株行距密植，栽成单行或双行。也有称绿篱为植篱或树篱的，绿篱在园林绿化中主要起分隔空间、范围场地、遮蔽视线、衬托景物、美化环境及防护等作用。适合北方地区的绿篱植物很多，在园林绿化中，常见的主要有大叶黄杨、小叶黄杨、紫叶小檗、金叶女贞、小叶女贞、侧柏、圆柏、玫瑰、紫穗槐、连翘等。

1. 大叶黄杨

大叶黄杨（图 5-78），属卫矛科常绿灌木或小乔木。侧枝对生而稠密，叶革质有光泽，浓绿色，椭圆形至倒卵形。聚伞花序，花绿白色，花期 5～6 月。蒴果近球形，淡粉红色，果 9～10 月成熟。喜光，耐阴，对土壤要求不高，耐修剪整形。扦插繁殖，也可播种。生长较慢，寿命长，耐寒性稍差。

2. 小叶黄杨

小叶黄杨（图 5-79），属黄杨科常绿灌木。小枝密集，四棱形，单叶对生，革质有光泽，蒴果。同属还有锦熟黄杨、雀舌黄杨等。耐阴，喜温暖湿润气候及疏松、肥沃土壤。生长慢，萌发力强，耐修剪，不耐水湿。冬季叶色变为褐黄色。播种、扦插繁殖。

图 5-78　大叶黄杨　　　　　　　　　　图 5-79　小叶黄杨

3. 紫叶小檗

紫叶小檗（图 5-80），为小檗科落叶灌木。多分枝，幼枝紫红色，老枝紫褐色，有槽，具刺。叶互生，菱状倒卵形，深紫或紫红色，伞形花序，黄白色花。浆果长椭圆形，成熟时红色。同属有小檗、矮紫小檗等。喜凉爽湿润和阳光充足环境，耐寒，耐旱，不耐水涝，稍耐阴，萌芽力强，耐修剪。播种、扦插繁殖。它是园林大色块布置的主要材料之一。

4. 金叶女贞

金叶女贞（图 5-81），20 世纪 80 年代从国外引入，木犀科。灌木，分枝多，叶对生，椭圆形，阳光充足时，叶片呈金黄色，半阴条件下，呈黄绿色。花小，白色，同属种很多。喜温暖湿润和阳光充足环境，适应性强，较耐寒，稍耐阴，抗旱，萌发力强，耐修剪。以肥沃、疏松的微酸性土壤为宜，扦插繁殖。它是城市绿化中黄色调的主栽品种，常与大叶黄杨、紫叶小檗一起组成黄、绿、红三色绿篱。

图 5-80　紫叶小檗

图 5-81　金叶女贞

5. 小叶女贞

小叶女贞（图 5-82），为木犀科落叶或半常绿灌木。枝条铺散，叶薄革质，椭圆形至倒卵状长圆形，无毛，叶柄有短柔毛，圆锥花序，花白色，芳香，无梗，核果，紫黑色。花期 5 ～ 7 月。喜光，稍耐阴，较耐寒，萌枝力强，耐修剪，年老绿篱可平茬更新复壮。播种、扦插繁殖。它是优良的抗污染树种。

6. 侧柏

侧柏（图 5-83），属柏科常绿针叶树种。耐修剪，树皮薄，浅褐色，呈薄片状剥离，叶鳞片状，球果卵形，种子长卵形，花期 3 ～ 4 月，果 10 ～ 11 月成熟。喜光，有一定的耐阴力，适应性强，较耐寒，对土壤要求不高。播种繁殖，春植多用带土团的苗，雨季可用裸根苗，缺点是 11 月 - 翌年 3 月叶片颜色变为土褐色。

图 5-82　小叶女贞

图 5-83　侧柏

7. 圆柏

圆柏（图 5-84），属柏科常绿针叶树种。树皮灰褐色，呈浅纵条状剥离，叶有鳞叶、刺叶两种，球果，花期 4 月下旬，果多翌年 10 ～ 11 月成熟。喜光，但耐阴性很强。耐寒，耐热，对土壤要求不高。播种、扦插繁殖，耐修剪，做绿篱比侧柏要优良。

8. 玫瑰

玫瑰（图 5-85），属蔷薇科落叶灌木。茎密生倒刺及刚毛，花紫红色或白色，芳香，花期 4～7 月。适应性强，耐旱，耐寒，不耐积水，喜光，萌蘖力强，生长迅速，管理简单。分株、扦插、嫁接繁殖。常做园林的防护绿篱使用，不适做规整式绿篱。

图 5-84 圆柏

图 5-85 玫瑰

9. 紫穗槐

紫穗槐（图 5-86），属豆科落叶灌木。枝多粗壮，向斜上方生长，小叶椭圆形，奇数羽状复叶，花蓝紫色，花期 5～6 月。耐寒，耐旱，适应性强，株丛稠密，适合在田间、原野、铁路及公路两侧做自然式绿篱配置。

10. 连翘

连翘（图 5-87），为木犀科连翘属。全世界有 11 个大品种，大多源自中国，有些源自朝鲜和日本。连翘早春先叶开花，花期 3～5 月，花开香气淡艳，满枝金黄，艳丽可爱，是早春优良观花灌木。连翘适宜配置在宅旁、亭阶、墙隅、篱下与路边，也宜于栽种在溪边、池畔、岩石和假山下。因根系发达，可做花篱或护堤树栽植。

图 5-86 紫穗槐

图 5-87 连翘

任务三

藤本园林植物认知

【技能目标】

1.能够准确识别 5 种以上常见的藤本园林植物；

2.能够根据园林设计和绿化的不同要求选用典型的藤本园林植物。

【知识目标】

1.了解藤本园林植物在园林中的作用；

2.掌握藤本园林植物的形态识别方法；

3.了解藤本园林植物的主要习性，掌握藤本园林植物的观赏特性及园林应用特点。

【素质目标】

1.通过对形态相似或相近的藤本园林植物进行比较、鉴别和总结，培养学生独立思考问题和解决实际问题的能力；

2.通过学生收集、整理、总结和应用有关信息资料，掌握更多的藤本园林植物知识，培养学生自主学习的能力；

3.通过对藤本园林植物不断深入的学习和认识，提高学生的园林艺术欣赏水平。

【任务设置】

1.学习任务：了解园林绿化中藤本植物的作用；能够识别本地区常见的藤本植物。

2.工作任务：藤本植物调查。请调查所在学校或城市园林绿化中的藤本植物，并根据调查结果对绿化中藤本植物的配置提出合理化的建议。

【相关知识】

藤本植物是指植物体细长，不能直立，只能依附在其他植物或支持物，缠绕或攀缘向上生长的植物。藤本依茎质地的不同，又可分为木质藤本（如葡萄、紫藤等）与草质藤本（如牵牛花、长豇豆等）。

藤本植物一直是造园中常见的植物材料，充分利用攀缘植物进行垂直绿化，可拓展绿化空间、增加城市绿量、提高整体绿化水平、改善生态环境等。藤本植物在园林中的应用具体体现在以下几个方面：

第一，墙面绿化。建筑外观是硬质景观，选用藤本植物进行垂直绿化，使某些立面形成大面积的绿色帘幕，从而得到适当点缀，增强建筑物的生命力和美感。同时，可以有效地遮挡夏季阳光辐射，降低建筑物的温度。

第二，构架绿化。在公园和庭院的游廊、花架、拱门、灯柱、栅栏、阳台等处利用藤本植物布置构架，已成为园林绿化中亮丽的景观，这样既可实现繁花似锦、硕果累累的景观效果，又可提供纳凉的场所。

第三，坡面绿化。高速公路和立交桥的飞速发展，出现了大量的硬质土方坡面，采用藤本植物进行覆盖，不但可以达到绿化效果，还能起到保持水土的作用。

第四，山石绿化。园林中的山石多以藤本植物点缀，使之显得生机盎然，同时，可以遮盖山石局部的缺陷，起到画龙点睛的作用。

下面介绍一些在园林绿化中常见的藤本园林植物。

1. 紫藤 [*Wisteia sinensis*（**Sims**）**Sweet**]（图 5-88）

科属： 豆科、紫藤属。

别称： 朱藤、藤萝。

形态特征： 落叶攀缘缠绕性大藤本，干皮深灰色，不裂，茎枝右旋。一回奇数羽状复叶互生，小叶 7 ～ 13 枚，卵状椭圆形，长 4.5 ～ 11 cm，基部阔楔形，嫩叶两面被平伏毛，后秃净。侧生总状花序，长达 30 ～ 35 cm，呈下垂状，总花梗、小花梗及花萼密被柔毛，后无毛；花紫色或深紫色，雄蕊 10 枚，2 体（9+1）。荚果扁圆条形，长达 10 ～ 20 cm，密被白色绒毛，种子扁球形、黑色。花期 4 ～ 5 月，果熟期 8 ～ 9 月。

微课：紫藤

地理分布： 原产自我国，辽宁、内蒙古、河南、江西、山东、江苏、浙江、湖北、湖南、陕西、甘肃、四川、广东等省区均有栽培，国外也有栽培。

生长习性： 喜光，略耐阴，较耐寒，喜肥沃且排水良好的土壤。

繁殖方法： 可用播种、扦插、压条、分株、嫁接等方法，主要使用播种和扦插方法，但因实生苗培养所需时间长，所以应用最多的是扦插方法。

园林用途：紫藤是优良的观花藤本植物。生长快、寿命长，枝叶茂密，藤蔓盘曲蜿蜒，尤其老藤盘曲扭绕，宛若蛟龙翻腾。紫藤春天先叶开花，穗大而美，有芳香，极是悦目。唐代诗人李白的"紫藤挂云木，花蔓宜阳春，密叶隐歌鸟，香风留美人。"明代王世贞的"蒙茸一架自成林，窈窕繁葩灼暮阴。"都生动地描绘了紫藤的优美姿态和园林效果。应用中，它是优良的棚架、门廊、枯树及山面绿化植物，也可修剪成灌木状孤植、丛植在草坪、湖滨、山石旁。可盆栽或制作桩景，花枝可做插花材料。

图 5-88 紫藤

2. 凌霄（*Campsis grandiflora*（**Thunb.**）**Schum.**）（图 5-89）

科属：紫葳科、凌霄属。

别称：五爪龙、红花倒水莲、倒挂金钟、上树龙。

形态特征：落叶攀缘木质藤本，长达 10 m，以气生根攀附于它物之上。树皮灰褐色，呈细条状纵裂，小枝紫褐色。奇数羽状复叶对生，小叶 7～9 枚，卵形至卵状披针形，两面无毛，长 3～7 cm，宽 1.5～3 cm，先端长尖，基部不对称，边缘疏生 7～8 锯齿，两小叶间有淡黄色柔毛。花橙红色，由三出聚伞花序集成稀疏顶生圆锥花丛；花萼钟形，质较薄，绿色，有 10 条凸起纵脉，5 条裂至中部，萼齿披针形；花冠漏斗状，直径约 7 cm。蒴果长如豆荚，顶端钝，种子多数。花期 5～8 月，果熟期 11 月。

微课：凌霄

地理分布：原产自我国中部及东部地区，常生长在山谷、河边、山坡、路旁、疏林下，北京、河北、山东、河南等地均有栽培。

生长习性：喜阳、温暖湿润的环境，稍耐阴。喜欢排水良好的土壤，较耐水湿并有一定的耐盐碱能力，耐寒性较差，耐旱忌积水；喜微酸性、中性土壤，萌芽力、萌蘖性较强，耐修剪，根系发达生长快。

繁殖方法：主要用扦插、压条繁殖，也可分株或播种繁殖。

园林用途：柔枝纤蔓，叶片秀雅，夏、秋季节开花不绝，是夏、秋季主要的观赏花、垂直绿化树种，可用于棚架、假山、花廊、墙垣绿化。

图 5-89　凌霄

3．金银花（*Lonicera* **japonica Thunb.**）（**图 5-90**）

科属：忍冬科、忍冬属。

别称：忍冬、金银藤。

微课：金银花

形态特征：半常绿缠绕木质藤本，长可达 9 m。枝条长中空，皮棕褐色，条状剥落，幼时密被短柔毛。叶纸质，卵形至矩圆状卵形，长 3 ～ 8 cm，有时卵状披针形，端短渐尖至钝，基部圆形至近心形，全缘，幼时两面具柔毛，老后光滑。花成对腋生，苞片叶状；萼筒长约 2 mm，无毛；花冠白色，唇形，筒稍长于唇瓣，上唇 4 裂片顶端钝形，下唇带状而反曲；花初开为白色略带紫晕，后转为黄色，芳香。花期 5 ～ 7 月（秋季也常开花），果熟期 10 ～ 11 月。

地理分布：我国南北各省均有分布，北起辽宁，西至陕西，南达湖南，西南至云南、贵州。

生长习性：喜光也耐阴、耐寒、耐旱、耐涝，适宜生长的温度为 20 ℃～ 30 ℃，对土壤要求不高，耐盐碱。性强健，适应性强，根系发达，萌蘖力强，茎着地即可生根。

繁殖方法：播种、扦插、压条、分株繁殖均可。

园林用途：金银花是著名的观花赏果藤本，也是园林绿化的重要攀缘植物。植株轻盈，藤蔓缭绕，冬夜微红，花先白后黄，富含清香，是色香兼备的藤本植物，可缠绕篱垣、花架、花廊等作垂直绿化；或附在山石上，植于沟边，爬于山坡，用作地被，富有自然情趣；金银花花期长，花芳香，又值盛夏酷暑开放，是庭园布置夏景的极好材料；又植株体轻，是美化屋顶花园的好树种；老桩作盆景，姿态古雅。

图 5-90　金银花

4. 扶芳藤［*Euonymus fortunei*（**Turcz.**）**Hand.-Mazz.**］（图 5-91）

科属：卫矛科、卫矛属。

别称：爬行卫矛。

微课：扶芳藤

形态特征：常绿藤本，匍匐或攀缘，长可达 10 m。枝上密生小瘤状凸起，并能随处生多数细根。叶对生，革质，广椭圆形或椭圆状卵形以至长椭圆状倒卵形，长 2～7 cm，基部阔楔形，边缘具细锯齿，表面通常浓绿色，下面叶脉甚明显，叶柄短。聚伞花序腋生，萼片 4 枚，花瓣 4 枚，绿白色，近圆形，径约 2 mm；雄蕊 4 枚，着生于花盘边缘；子房上位，与花盘连生。蒴果近球形，种子外被橘红色假种皮。花期 6～7 月，果熟期 9～10 月。

图 5-91　扶芳藤

地理分布：产自我国陕西、山西、河南、山东、安徽、江苏、浙江、江西、湖北、湖南、广西、云南等省区；朝鲜、日本也有分布。

生长习性：性耐阴，喜温暖，耐寒性不强，对土壤要求不高，能耐干旱、贫瘠。多生林缘和村庄附近，攀树、爬墙或匍匐石上。

繁殖方法：扦插繁殖易成活，也可进行播种、压条。

园林用途：叶色油绿光亮，入秋红艳可爱，又有较强的攀缘能力，在园林中用以掩覆墙面、坛缘、山石或攀缘于老树、花格之上，均极优美。也可盆栽观赏，将其修剪成崖式、圆头形等，用作室内绿化，颇为雅致。

5. 南蛇藤（*Celastrus orbiculatus* **Thunb.**）（图 5-92）

科属：卫矛科、南蛇藤属。

别称：过山枫。

微课：南蛇藤

形态特征：落叶藤本，髓心充实白色，皮孔大而隆起。单叶互生，近圆形或倒卵状椭圆形，边缘带有圆锯齿，长 4～10 cm，先端短突尖，基部近圆形或广楔形，缘具钝锯齿。短总状花序腋生或在枝端与叶对生；花小，单性异株。蒴果球形，橙黄色。花期 5～6 月，果熟期 7～10 月。

地理分布：我国东北、华中、西南、华北及西北均有分布。垂直分布可达海拔 1 500 m，常生长在山地沟谷及林缘灌木丛中。

生长习性：适应性强，喜光，也耐半阴。抗寒、抗旱，但以温暖、湿润气候及肥沃、排水良好的土壤生长良好。一般多野生于山地沟谷及林缘灌木丛中，栽植于背风向阳、湿润且排水好的肥沃砂质壤土中生长最好；若栽植于半阴处，也能生长。

繁殖方法：可用压条、分株、播种三种方法进行繁殖。

园林用途：南蛇藤植株姿态优美，茎、蔓、叶、果都具有较高的观赏价值，是城市垂直绿化的优良树种。特别是南蛇藤秋季叶片经霜变红或变黄时，美丽壮观，成熟的累累硕果竞相开裂，露出鲜红色的假种皮，宛如一颗颗宝石。作为攀缘绿化材料，南蛇藤宜植于棚架、墙垣、岩壁等处，如在湖畔、塘边、溪旁、河岸种植南蛇藤，倒映成趣。种植于坡地、林绕及假山、石隙等处则颇具野趣。若剪取成熟果枝瓶插，装点居室，也能满室生辉。

图 5-92　南蛇藤

6. 常春藤 ［*Hedera nepalensis* **K**，**Koch var.** *sinensis*（**Tobl.**） **Rehd**］（图 5-93）

科属：五加科、常春藤属。

别称：土鼓藤、钻天风、三角风、散骨风、枫荷梨藤。

微课：常春藤

形态特征：常绿藤本，长可达 20～30 m，茎借气生根攀缘；嫩枝上柔毛鳞片状。单叶互生，无托叶，营养枝上的叶为三角状卵形，全缘或三裂；花果枝上的叶椭圆状卵形或卵状披针形，全缘，叶柄细长。花两性，伞形花序单生或 2～7 朵顶生；花淡绿白色，芳香。果球形，径约 1 cm，熟时红色或黄色。花期 9～11 月，果熟期翌年 3～5 月。

地理分布：分布在我国华中、华南、西南及甘肃、陕西等地。

生长习性：极耐阴，有一定耐寒性，对土壤和水分要求不高，但以中性或酸性土壤为宜。

繁殖方法：通常用扦插或压条法繁殖，极易生根，栽培管理简易。

园林用途：在庭园中可用以攀缘假山、岩石，或在建筑阴面做垂直绿化材料。在华北地区宜选择气候良好的稍阴环境栽植，也可盆栽供室内绿化观赏，令其攀附或悬垂均甚雅致。

图 5-93　常春藤

7. 爬山虎［*Parthenocissus tricuspidata*（**Sieb.et.Zucc.**）**Planch.**］（图 5-94）

科属：葡萄科、爬山虎属。

别称：地锦、爬墙虎。

形态特征：多年生大型落叶木质藤本植物，卷须短，多分枝。叶广卵形，长 8～18 cm，常三裂，基部心形，缘有粗齿，表面无毛，背面脉上常有柔毛；幼苗期叶常较小，多不分裂，下部枝的叶有分裂成 3 小叶者。花多为两性，雌雄同株，聚伞花序常着生于两叶间的短枝上，长 4～8 cm，较叶柄短，花 5 数，萼全缘淡黄绿色。浆果球形，熟时蓝黑色，有白粉。花期 6 月，果熟期大概在 9～10 月。

微课：爬山虎

地理分布：在我国分布很广，北起吉林，南到广东均有分布；日本也有分布。

生长习性：喜阴，耐寒，耐旱，耐贫瘠，气候适应性广泛，生长快。它对二氧化硫等有害气体有较强的抗性，常攀附于岩壁、墙垣和树干上。

繁殖方法：可用播种、扦插及压条法繁殖。

园林用途：四季枝叶茂密，常攀缘在墙壁或岩石上，适于配植宅院墙壁、围墙、庭园入口处、桥头石块等处。可用于绿化房屋墙壁、公园山石，既可美化环境，又能降温，调节空气，减少噪声。

图 5-94　爬山虎

8. 葡萄（*Vitis vinifera* **L.**）（图 5-95）

科属：葡萄科、葡萄属。

别称：草龙珠、葡萄、山葫芦。

形态特征：落叶藤本，长达 30 m。茎皮红褐色，老时条状剥落；小枝光滑，或幼时有柔毛。单叶互生，近圆形，基部心形，缘具粗齿，两面无毛或背面有短柔毛，叶腋着生复合的芽，卷须或花序与叶对生。两性花，野生种常为雌雄异株。5 片花瓣，顶部连生，开花时自基部与花托分离呈帽状

图 5-95　葡萄

脱落；圆锥花序大而长。浆果椭球形或圆球形，熟时黄绿色或紫红色，有白粉。花期 4 ～ 5 月，果熟期 8 ～ 9 月。

地理分布：原产自亚洲西部，我国在 2 000 多年前自新疆引入内地栽培，现辽宁中部以南各地均有栽培，但以长江以北地区栽培较多。

生长习性：喜光植物，喜干燥及夏季高温的大陆性气候，冬天需要一定低温，严寒时要埋土防寒，以土层深厚、排水良好且湿度适中的微酸性至微碱性砂质或砾壤土生长最好，耐干旱，怕涝。

繁殖方法：可用扦插、压条、嫁接或播种等方法。

园林用途：葡萄是很好的园林棚架植物，既可观赏、遮阴，又可结果食用和酿酒。庭院、公园、疗养院及居民区均可栽植，注意最好选用栽培管理较粗放的品种。

9. 绿萝［*Epipremnum aureum*（**Linden et Andre**）**Bunting**］（图 5-96）

科属：天南星科、麒麟叶属。

别称：黄金葛、魔鬼藤、石柑子、竹叶禾子、黄金藤。

形态特征：多年生常绿大藤本，茎长可达 10 m 以上，盆栽多为小型幼株，茎节有沟槽，并生气根。叶卵状至长卵状心形，其大小受株龄及栽培方式的影响较大；老株叶片边缘有时不规则深裂；幼株叶片全缘，罕见裂；叶片鲜绿或深绿色，表面有浅黄色斑块，蜡质具光泽。

地理分布：原产自中美、南美的热带雨林地区，现今我国上海、江苏、福建、台湾、广东、广西等地均有人工园林和居室养殖。

生长习性：喜温暖、湿润，稍耐寒、耐阴，对光照要求不高，喜肥沃、疏松且排水良好的土壤。

繁殖方法：用茎扦插繁殖，水插易生根。

园林用途：绿萝是优良的室内盆栽观叶植物，既可吊盆观赏，也可用于室内垂直绿化，或切叶。绿萝是比较常见的绿色植物，长枝披垂，摇曳生姿，让空间变得生机盎然，还有极强的空气净化功能，有绿色净化器的美名。

图 5-96　绿萝

※ 任务实施

1．接受任务

（1）学生分组：4～6人/组，每组选出一名组长；

（2）由教师分配各组的调查区域。

2．制定调查方案

每个调查小组的组长带领本组成员制定调查方案，方案内容应包括调查目的、组内分工、调查范围、调查路线、调查时间、调查方法和调查成果等。

3．调查准备

（1）查找资料，形成初步的园林绿化藤本树种名录；

（2）确定常见藤本树种的识别特征；

（3）设计记录表格，准备调查工具，如照相机等。

4．外业调查

按照确定的调查路线，识别和记录每种用于园林绿化的藤本树种，拍摄每种植物的识别特征照片和全景照片，并填写表5-5。

表 5-5　（地区名）园林绿化藤本树种调查表

序号	植物名称	照片编号	分布区域	数量	生长情况
1					
2					
…					

5. 内业整理

查找相关资料，对调查的植物进行整理与鉴定，并完善园林绿化藤本树种名录。

6. 调查报告

根据调查的结果，每个小组自行设计格式，写出一份调查报告，报告内容应包括调查目的、组内分工、调查范围、调查路线、调查时间、调查方法和调查成果（如种类、数量、生长情况分析）等，重点对结果进行分析，提出合理化建议。

※ 任务考核

园林绿化藤本树种调查任务考核标准见表 5-6。

表 5-6　园林绿化藤本树种调查任务考核标准

考核项目	考核内容	分值 / 分	分数	考核方式
调查方案	内容完整，方案执行分工明确	10		分组考核
调查准备	名录编写正确，材料准备充分	10		分组考核
外业调查	按照预定方案执行，调查资料全面、无遗漏	10		分组考核
内业整理	植物定名正确，资料整理清楚	10		分组考核
调查报告	内容全面、数据准确、分析合理	10		分组考核
藤本树种识别能力	正确命名	10		单人考核
	识别特征	20		
	科属判断	10		
团队协作	互帮互助，合作融洽	10		单人考核

※ 知识拓展

藤本树种应用的现状及发展趋势

1. 藤本树种种类繁多，遍布全世界

目前，全世界共有藤本树种 9 000 种左右，我国藤本树种丰富，共计有 85 科 409 属 3 037 种（含变种、亚种），木质藤本 2 175 种。其中，贵州梵净山国家级自然保护区有 253 种，福建省有 564 种，湖南、湖北两省共有 784 种，广东省野生藤本树种有 512 种。其中，具有园林绿化潜力的有 222 种，河南省野生藤本树种有 160 种，山东省野生藤本树种有 150 余种，东北地区野生藤本树种有 143 种，黑龙江省野生藤本树种有百余种。

2. 藤本树种异军凸起，藤本产业值得开发

当今世界，绿色、低碳、环保已成为全世界追求的价值理念，沉默了多年的藤本树种异军凸起，以其特有的运动性和生态适用性，在水土保持、防风固沙、石漠化治理、拓展城市绿化空间和美化环境等方面所发挥的作用越来越被人们重视。同时，藤本产业的开发还可以增加农民收入，改善农村条件，促进农业发展。

3. 藤本树种的生态功能强大

藤本树种的生态适应性强，生长速度快，抗病抗虫，生活周期长，是恢复植被、改善生态环境的先锋树种。第一，藤本树种可用于石漠化荒山治理。藤本树种在石漠化荒山上生长良好，尤其是爬山虎属树种，全世界有 15 种，我国有 10 种，均具有穿透性强的吸盘，且耐旱、耐贫瘠，可依靠一小块土壤迅速生长，通过密植，短期内即可将裸岩覆盖。第二，藤本树种可以极大地减少水土流失。我国是世界上水土流失最严重的国家之一，据报道 2019 年，全国水土流失面积 271.08 万 km^2，占国土面积（未含香港特别行政区、澳门特别行政区和台湾地区）的 28.34%，需要治理的面积将近 200 万 km^2。藤本树种多数生长强健、枝繁叶茂、覆盖性好，根系能深扎入土，可大大减少雨水冲击，防止水土流失。研究表明，在大雨状态下藤本树种可减少泥土冲刷量的 75%～78%。第三，藤本树种可以有效地固土护坡。近年来，我国高速公路、铁路建设得到了空前发展。这些工程建设在给人们的生活带来更多便利之时，大量开挖的边坡却使周边的生态环境遭受了毁灭性破坏。目前，在边坡防护工程中大都选择一些根系发达、固土能力强的草种，往往会出现"一年绿、两年黄、三年枯、四年亡"的现象。藤本树种具有吸附、缠绕、卷须或钩刺等攀缘特性，同时，具有适应性强、生长快的特点，在不同的地域选择合适的种类就能在恶劣的条件下迅速地形成景观，是边坡生态恢复的重要树种材料。据试验，在前期管理得当的情况下，生长迅速的藤本树种一年的生长量可达 3～5 m，根系当年生长量达 7 cm，边坡覆盖率可达38%。

4. 藤本树种的经济效益可观

藤本树种在发挥其生态效益的同时也具有可观的经济效益。如金银花，只要管理得当，从第三年开始，每公顷（1 公顷 =0.1 km^2）金银花可产干花 2 250 kg，可以持续15 年，按保守的市场收购价 60 元 /kg 计算，每公顷纯收入可突破 75 000 元，是种植水稻所获收入的 10 倍以上，而耗水量仅为水稻的 1/10。据报道，2020 年，全国金银花的需求量约为 2000 万 kg，而全国总产量仅为 700 万 kg，按市场销售价格为 300 元 /kg 计算，每年需求将达 60 亿元，要是将其加工成保健品、美容产品，其附加值更高。根据第五次全国荒漠化和沙化监测结果，全国荒漠化土地面积为 261.16 万 km^2，沙化土地面积为 172.12 万 km^2。根据岩溶地区第三次石漠化检测结果，全国岩溶地区现有石漠化土地面积为 10.07 万 km^2。根据《国家高速公路网规划》，到 2020 年全国高速公路

总规模约 8.5 万 km；《中长期铁路网规划》提出，到 2020 年全国铁路营业里程将达到 12 万 km 以上，这些绿化工程将需要数目巨大的藤本树种苗木，这将给藤本产业的发展带来前所未有的巨大经济效益。

任务四

草本花卉认知

【技能目标】

1. 能够准确识别 15 种以上常见的草本花卉；
2. 能够根据园林设计和绿化的不同要求合理配置草本花卉。

【知识目标】

1. 了解草本花卉在园林中的作用；
2. 了解草本花卉的主要识别要点、习性，掌握草本花卉的观赏特性、园林应用特色。

【素质目标】

1. 通过对形态相似或相近的草本花卉进行比较、鉴别和总结，培养学生独立思考、分析问题和解决实际问题的能力；
2. 通过学生收集、整理、总结和应用有关信息资料，培养学生自主学习能力；
3. 以学习小组为单位组织学习任务，培养学生团结协作意识和沟通表达能力；
4. 通过对草本花卉不断深入的学习和实践，提高学生的园林艺术欣赏水平、珍爱植物的品行及吃苦耐劳的精神。

【任务设置】

1. 学习任务：了解园林绿化中草本花卉的作用；能够识别本地区常见的草本花卉。
2. 工作任务：草本花卉调查。请调查所在学校或城市园林绿化中的草本花卉，并根据调查结果对绿化中草本花卉的配置提出合理化的建议。

一、草本花卉在园林中的应用

花卉的茎，木质部不发达，支持力较弱，称为草质茎。具有草质茎的花卉，叫作草本花卉。在草本花卉中，按其生育期长短不同，又可分为一年生花卉、二年生花卉和多年生花卉三种。

一年生花卉是指在一年四季内完成播种、开花、结实、枯死的生活史的植物。因为它的特殊生活史，一年生花卉又称为春播花卉，如凤仙花、鸡冠花、百日草、半支莲、万寿菊等。有些多年生花卉在北方地区露地栽培时，不能越冬或两年后生长差，但当年播种就可开花、结实，故也做一年生栽培花卉，如一串红。

二年生花卉是指在两个生长季内完成生命周期的花卉种类。当年只生长营养器官，越年后开花、结实、死亡。这类花卉，一般秋天播种，次年春季开花，又称为秋播花卉，如五彩石竹、紫罗兰、羽衣甘蓝、瓜叶菊等。也有些多年生花卉做二年生花卉栽培，如雏菊、金鱼草等。

多年生花卉是指生长期在两年以上的花卉种类。它们的共同特征是都有永久性的地下部分(地下根、地下茎)，常年不死。但它们的地上部分(茎、叶)存在着两种类型：一种是能够保持终年常绿，如文竹、四季海棠、虎皮掌等；另一种是每年春季从地下根际萌生新芽，长成植株，到冬季枯死，如芍药、美人蕉、大丽花、鸢尾、玉簪、晚香玉等。多年生草本花卉，由于它们的地下部分始终保持着生活能力，所以又称为宿根类花卉。

二、常见的草本花卉

下面介绍一些在园林绿化中常见的草本花卉。

1. 鸡冠花（*Celosia cristata* Linn.）（图 5-97）

科属：苋科、青葙属。

别称：老来红、芦花鸡冠、鸡髻花。

形态特征：一年生草本，株高 40～110 cm，茎粗壮直立，光滑具棱，少分枝。叶卵形至卵状披针形，全缘，叶有深红、翠绿、黄绿、红绿等多种颜色。肉穗状花序顶生，扁平皱褶为鸡冠状，有红、紫红、玫红、橘红、橘黄、黄或白各色，具丝绒般

图 5-97　鸡冠花

光泽，中下部密生小花，花被及苞片膜质，花期 7～10 月。

地理分布：原产自非洲、美洲和印度，现世界各地广为栽培。

生长习性：喜炎热和干燥气候，不耐寒，喜阳光充足，喜疏松肥沃的土壤，不耐瘠薄。

繁殖方法：春季播种繁殖，可自播繁殖。生长期肥水充足则花序肥大而鲜艳，但忌涝。

园林用途：花序顶生，形状多样，色彩明快，有较高的观赏价值，是重要的花坛花卉，可配植在花境、花坛、切花或制作干花。

微课：鸡冠花、矮牵牛

2. 矮牵牛（*Petunia hybrida* **Vilm**）（图 5-98）

科属：茄科、茄属。

别称：矮喇叭。

形态特征：多年生做一年生栽培。茎直立或匍匐，全株具黏毛，株高 15～80 cm。叶卵形，全缘，互生或对生。花单生，漏斗状，花瓣边缘变化大，有平瓣、波状、锯齿状瓣，花有白、粉、红、紫、蓝、黄等颜色，另外有双色、星状和脉纹等。蒴果，种子极小。

地理分布：原产自南美，现我国各地均有栽培。

图 5-98 矮牵牛

生长习性：喜温暖和阳光充足的环境，不耐霜冻，怕雨涝，喜疏松且排水良好的微酸性土壤。

繁殖方法：播种育苗，浇水始终遵循不干不浇，浇则浇透的原则。

园林用途：可做盆栽、吊盆、花台及花坛美化，大面积栽培具有地被效果，景观瑰丽、悦目。

3. 万寿菊（*Tagetes erecta* **L.**）（图 5-99）

科属：菊科、万寿菊属。

别称：臭芙蓉。

形态特征：一年生草本，株高 60～90 cm。茎光滑而粗壮，直立，常具紫色纵纹及沟槽。叶对生，羽状全裂，裂片锯齿带芒状，全叶有油腺点，有强烈的臭味。头状花序单生，具总梗，长而中空；舌状花有细长的筒部，缘波皱状，花冠有长爪，花有乳白、黄、橙黄至橘红色，花期 7～9 月。

图 5-99 万寿菊

地理分布：原产自墨西哥，我国各地均有栽培。

生长习性：稍耐寒，喜阳光充足、温暖，耐干旱，对土壤要求不高，抗性强。

繁殖方法：播种繁殖为主，3～4月进行，5月下旬定植露地，也可嫩枝扦插，多在5～6月进行。栽培容易，管理粗放。

园林用途：可做花坛、花境、花丛、盆花、切花等。

微课：万寿菊、孔雀草

4．孔雀草（*Tagetes patula* L.）（图5-100）

科属：菊科、万寿菊属。

别称：红黄草、臭菊花、孔雀菊、小万寿菊。

形态特征：一年生草本，株高20～40 cm，茎多分枝而铺散，较万寿菊矮小，细长而呈紫褐色。叶羽状全裂，裂片锯齿明显而细长。头状花序顶生，有长梗，舌状花黄色，基部具红褐斑，有全为柠檬黄、橙黄色等重瓣品种，花期7～9月。

图5-100　孔雀草

地理分布：原产自墨西哥，在我国很多地方也可以见到，尤其在南方更常见之。

生长习性：喜温暖、阳光充足的环境，对土壤要求不高，但忌pH值小于6的酸性土壤。孔雀草对温度和日照长度较为敏感，因此，在不同地区的栽培技术也不尽相同。

繁殖方法：播种繁殖。

园林用途：最宜做花坛边缘材料或花丛、花境等栽植，也可盆栽和做切花。

5．金盏菊（*Calendula officinalis* L.）（图5-101）

科属：菊科、金盏菊属。

别称：金盏花、黄金盏、长生菊、醒酒花、常春花、金盏等。

形态特征：一、二年生草本，做二年生栽培。株高30～60 cm，全株具毛，茎直立，有分枝。叶互生，长圆形至长圆状倒卵形，全缘或有不明显锯齿，叶基部稍抱茎。头状花序单生，总苞1～2轮，苞片线状披针形，舌状花单轮至多轮，橘黄色或橙黄色。瘦果弯曲。花期4～9月。

图5-101　金盏菊

地理分布：原产自欧洲西部、地中海沿岸、北非和西亚，现今世界各地均有栽培。

生长习性：较耐寒，喜冬季温暖，夏季凉爽，喜光，对土壤要求不高。

繁殖方法：播种繁殖。

园林用途：适用中心广场、花坛、花带布置，也可作为草坪的镶边花卉或盆栽观赏。长梗大花品种可用于切花。金盏菊的抗二氧化硫能力强，对氰化物及硫化氢也有一定抗性，为优良抗污花卉，也是春季花坛的主要材料。

微课：金盏菊、菊花

6. 菊花［*Dendranthema morifolium*（**Ramat.**）**Tzvel.**］（图 5-102）

科属：菊科、菊属。

别称：寿客、金英、黄华、秋菊、陶菊、日精、女华、延年、隐逸花。

形态特征：株高 60～150 cm，直立分枝，基部半木质化；分枝多，小枝绿色或带灰褐色，被灰色柔毛。单叶互生，卵圆至长圆形，边缘有缺刻和锯齿，叶表有腺毛，分泌一种菊叶香气。头状花序顶生或腋生，一朵或数朵簇生，因品种不同，差别很大；花序边缘为雌性舌状花，单性不孕，中间为两性筒状花，可结实，色彩丰富，有红、黄、白、墨、紫、绿、橙、粉、棕、雪青、淡绿等颜色；花序大小和形状各有不同，有单瓣、重瓣，有扁形、球形，有长絮、短絮，有平絮和卷絮，有空心和实心，有挺直的和下垂的，样式繁多，品种复杂。

图 5-102　菊花

地理分布：原产自我国，现世界各地广泛栽培。

生长习性：适应性强，喜冷凉，耐寒性强。喜阳光充足，但也稍耐阴、耐干、忌涝与积水。喜地势高、土层深厚、富含腐殖质、疏松肥沃、排水良好的微酸性至微碱性土壤。

繁殖方法：用扦插、分株、嫁接及组织培养等方法繁殖。

园林用途：菊花为园林应用中的重要花卉之一。其广泛用于花坛、地被、盆花和切花等。菊花为山西省太原市市花。

7. 雏菊（*Bellis perennis* **Linn.**）（图 5-103）

科属：菊科、雏菊属。

别称：马头兰花、延命菊、春菊、太阳菊。

形态特征：多年生草本，常做二年生栽培。株高 10～15 cm，全株具毛。叶基生，长匙形或倒卵形，基部渐狭，先端钝，微有齿。头状花序单生，花葶自叶丛抽出，舌状花，1 轮或多轮，条形，有白、深红、淡红等颜色；筒状花黄色，花期 4～5 月。

微课：黑心菊、雏菊

地理分布：原产自欧洲，现在我国各地庭园栽培为花坛观赏植物。

生长习性：喜冷凉气候，忌炎热。喜光，又耐半阴，对栽培地土壤要求不高。种子发芽适温22 ℃～28 ℃，生育适温20 ℃～25 ℃。西南地区适宜种植中、小花单瓣或半重瓣品种。中、大花重瓣品种长势弱，结籽差。

繁殖方法：以播种为主，也可分株及扦插繁殖。

园林用途：雏菊可作为街头绿地的地被花卉，也可用作园林观赏、盆栽、花境、切花等。

图 5-103　雏菊

8. 黑心菊（*Rudbeckia hirta* **Linn.**）（图 5-104）

科属：菊科、金光菊属。

别称：黑心金光菊、黑眼菊。

形态特征：多年生草本，常做一、二年生栽培。株高 60～90 cm，枝叶粗糙，全株被粗硬毛。基生叶卵状倒披针形，上部叶互生，匙形或阔披针形，具粗齿。头状花序，花大，径约 10 cm；舌状花单轮，金黄色；筒状花深褐色半球形。瘦果细柱状。花期6～9月。

图 5-104　黑心菊

地理分布：原产自北美。

生长习性：较耐寒、耐旱，不择土壤，极易栽培，但因其喜向阳通风的环境，所以应选择排水良好的砂质壤土及在向阳处栽植。

繁殖方法：以播种繁殖为主，也可分株或扦插繁殖。

园林用途：花朵繁盛，是花境、花带、树群边缘的绿化材料；可丛植、群植在建筑物前、绿篱旁，也可做切花。

9. 瓜叶菊（*Pericallis hybrida* **B.Nord.**）（图 5-105）

科属：菊科、瓜叶菊属。

别称：千日莲、千夜莲、瓜叶莲。

形态特征：多年生草本，多做一、二年生栽培。株高 20～90 cm，全株密被柔毛，茎直立，草质。叶大，心脏状卵形，叶缘波状，掌状脉，形似黄瓜叶，故名瓜叶菊；茎生叶柄有长翼，基部呈耳状，基生叶无翼。头状花序多簇生成伞房状，花除黄色外，还有蓝、紫、红、淡红及白色，具光泽，花期冬春季节，有复色及具花纹品种。

图 5-105　瓜叶菊

地理分布：原产自大西洋加那利群岛，现在我国各地公园或庭院广泛栽培。

生长习性：不耐寒，喜冬季温暖、夏季凉爽，可耐 0 ℃左右的低温，要求阳光充足、通风良好。宜富含腐殖质、排水良好的砂质土壤。

繁殖方法：以播种繁殖为主，也可扦插。

园林用途：瓜叶菊是冬春时节主要的观赏植物之一。其花朵鲜艳，可做花坛栽植或盆栽布置于庭廊过道。

微课：瓜叶菊、百日草

10．百日菊（***Zinnia elagans* Jacq.**）（图 5-106）

科属：菊科、百日菊属。

别称：百日草、步步高、火球花、对叶菊、秋罗、步登高。

形态特征：一年生草本。株高 50 ～ 90 cm，全株被短毛，茎秆较粗壮。叶对生，全缘，卵形至长椭圆形，基部抱茎。头状花序单生枝端，径约 10 cm；舌状花数轮，花有白、黄、红、紫等颜色；花期 6 ～ 9 月。

图 5-106　百日菊

地理分布：原产自墨西哥，现在我国也有广泛栽培。

生长习性：强健而喜光照，要求肥沃且排水良好的土壤，若土壤贫瘠过于干旱，花朵则显著减少，且花色不良而花径也小，略耐高温。

繁殖方法：播种繁殖。

园林用途：为花坛、花径的常见草花，也可用于丛植和切花。

同属其他常见品种如下：

小百日草（Z.angustifolia H.B.K.）：株高 40 cm 左右，茎分枝多，被毛，叶对生，全缘，无叶柄。篮状花序小而多，花黄色或橙黄。

11．一枝黄花（***Solidago canadensis* L.**）（图 5-107）

科属：菊科、一枝黄花属。

别称：野黄菊、山边半枝香、酒金花、满山黄。

形态特征：多年生草本，株高 100 ～ 150 cm。茎光滑，仅上部稍被短毛。叶披针形，具 3 行明显叶脉，具齿牙。密生小头状花序组成圆锥花序，总苞近钟形，圆锥花序生于枝端，稍弯曲而偏于一侧，花黄色，花期 7 ～ 8 月。

微课：一枝黄花、一串红

地理分布：原产自北美东部，现在我国江苏、浙江、安徽、江西、四川、贵州、湖南、湖北、广东、广西、云南及陕西南部、台湾等地广为分布。

生长习性：耐寒，喜阳光充足、凉爽、高燥，耐旱，对土壤要求不高。

繁殖方法：以分株繁殖为主，也可播种。

园林用途：配植花径，丛植，切花。

图 5-107　一枝黄花

12．一串红（*Salvia splendens* **Ker-Gawl.**）（图 5-108）

科属：唇形科、鼠尾草属。

别称：串红、墙下红、爆仗红

形态特征：多年生草本，常做一、二年生栽培。株高 50～80 cm，茎光滑，四棱形。叶对生，卵形，多分枝，具锯齿，顶端渐尖，基部圆形，两面无毛。总状花序顶生，被红色柔毛，小花 2～6 朵轮生，白色，花萼钟状，与花瓣同色，宿存，花冠唇形，雄蕊和花柱伸出花冠外。小坚果卵形，有 3 棱，平滑。花期 5～10 月。

图 5-108　一串红

常见变种如下：

（1）一串白（var.*alba*）：花及花萼均为白色。

（2）一串紫（var.*atropurpura*）：花及花萼均为紫色。

（3）丛生一串红（var.*compacta*）：株形较矮，花序密。

（4）矮一串红（var.*nana*）：株高仅 20 cm，花亮红色，花朵密集于总梗上。

地理分布：我国各地均有栽培。

生长习性：喜温暖、阳光充足的环境，不耐寒，耐半阴，喜疏松、肥沃且排水良好的土壤。

繁殖方法：春秋播种，自播繁殖能力强。

园林用途：常做花坛、花境的主体材料，北方地区常做盆栽。

13．彩叶草（*Coleus blumei* **Benth.**）（图 5-109）

科属：唇形科、鞘蕊花属。

别称：五彩苏、老来少、五色草、锦紫苏。

形态特征：多年生草本植物，多做一、二年生栽培。株高 50～80 cm，全株有毛，茎四棱，基部稍木质化。叶卵圆形，对

微课：彩叶草、虞美人

生，先端尖，缘具锯齿，表面绿色有紫色斑纹，色彩斑斓。总状花序顶生，唇形花冠。彩叶草变种、品种极多。

地理分布：原产自印度尼西亚，现在我国各地温室常见栽培。

生长习性：喜高温、光照充足且通风良好的环境，不耐寒、不耐强光直射；喜湿润肥沃土壤。

图 5-109　彩叶草

繁殖方法：以播种为主，也可扦插繁殖。

园林用途：彩叶草色彩鲜艳、品种很多、繁殖容易，为应用较广的观叶花卉。除可作小型观叶花卉陈设外，还可配置在图案花坛，也可作为花篮、花束的配叶使用。

14.虞美人（*Papaver rhoeas* L.）（图 5-110）

科属：罂粟科、罂粟属。

别称：丽春花、赛牡丹、苞米罂粟、田野罂粟。

形态特征：一、二年生草本，株高40～80 cm，全株被绒毛，茎直立。叶长椭圆形，不整齐羽裂，互生。花单生，有长梗，含苞时下垂，开花后花朵向上，萼片2枚，具刺毛，花瓣4枚，圆形，有纯白、紫红、粉红、红、玫红等颜色，有时具斑点。蒴果宽倒卵形，成熟时顶孔开裂，种子肾形，多数。花期4～7月，果熟期6～8月。

图 5-110　虞美人

地理分布：原产自欧洲中部及亚洲东北部，世界各地多有栽培，比利时将其作为国花，我国也有广泛栽培，以江、浙一带最多。

生长习性：耐寒，怕暑热，喜凉爽、阳光充足、干燥通风的环境，宜排水良好的土壤，忌湿热过肥之地。

繁殖方法：播种繁殖。

园林用途：虞美人花姿美好，色彩鲜艳，是优良的花坛、花境材料，也可盆栽或做切花。在公园中成片栽植，一株上花蕾很多，此谢彼开，可长期观赏，景色非常宜人。

15.石竹（*Dianthus chinensis* L.）（图 5-111）

科属：石竹科、石竹属。

别称：洛阳花、中国石竹、中国沼竹、石竹子花。

微课：石竹、芍药

形态特征：多年生草本，通常做一、二年生栽培。株高 30～50 cm，茎簇生，直立，有分枝。单叶对生，线状披针形，先端渐尖，基部抱茎。花单生或数朵顶生，花瓣先端浅裂呈牙齿状，苞片与萼筒近等长，萼筒上有枝，花有红、白、紫红等颜色，具香气。蒴果圆筒形。花期 4～5 月，果熟期 7～9 月。

图 5-111 石竹

常见变种如下：

（1）羽瓣石竹（var.laciniatus Regel）：瓣片先端深裂，裂片深达瓣片长度的 1/3 以上，花大，单或重瓣。

（2）锦团石竹（var.heddewigii Regel）：又名繁花石竹，花大，先端齿裂或羽裂，花色丰富且艳丽如锦，重瓣性强。

此外，还有矮石竹，以及花色自纯白至紫红并有斑纹、复色等栽培类型。

地理分布：原产自我国东北、华北、西北及长江流域一带，现国内外普遍栽培。

生长习性：喜光，耐旱，耐寒，忌高温酷暑和多雨的气候；喜排水良好、含石灰质的肥沃土壤。忌潮湿、水涝。

繁殖方法：以播种为主，也可扦插繁殖。

园林用途：石竹花朵繁密，色泽鲜艳，质如丝绒，是优良的草花，多用于布置花坛或花境，也可盆栽或做切花，还可大量直播做地被植物，全株可入药。

16. 荷花（*Nelumbo nucifera* **Gaertn.**）（**图 5-112**）

科属：睡莲科、莲属。

别称：莲花、水芙蓉、藕花、芙蕖、水芝、水华、泽芝、中国莲。

形态特征：多年生水生植物，根状茎肥厚多节，横生于泥中，称为藕。节间内有多数孔眼，节部缢缩，生有鳞片及不定根，并由此抽生叶、花梗及侧芽。叶盾状圆形，全缘或稍具波状，幼叶常自两侧向内卷，表面蓝绿色，被蜡质，背面淡绿色，光滑；叶柄粗短被短刺。花大，两性，单生于花梗顶端，高出叶面，有清香；花瓣多数，倒卵状舟形，端圆钝，有明显的纵脉；花有粉红、红、白紫、黄等颜色，因品种而异。花谢后膨大的花托称为"莲蓬"，上有 3～30 个莲室，发育正常时，每个莲室内含 1 粒椭圆形小坚果，俗称"莲子"。花期 6～8 月，花开于清晨，一定时间后闭合，果 9～10 月成熟。

图 5-112 荷花

微课：荷花、睡莲

地理分布：一般分布在中亚、西亚、北美，印度、中国、日本等亚热带和温带地区。

生长习性：喜温暖、阳光充足的环境，耐寒，喜肥沃且富含腐殖质、微酸性的黏质壤土，忌干旱。

繁殖方法：常用分株繁殖，也可播种。

园林用途：荷花为我国传统名花，花大色丽，清香四溢，是美化水面、点缀亭榭或盆栽观赏的好材料。

17．睡莲（*Nymphaea tetragona* **Georgi.**）（图 5-113）

科属：睡莲科、睡莲属。

别称：子午莲、水芹花。

形态特征：多年生浮水植物，根茎直立，不分枝。叶较小，全缘，近圆形或卵状椭圆形，有些品种呈披针形或箭形，具细长柄，表面浓绿色，背面暗紫色，幼叶具表面褐色斑纹，浮于水面。花单生，两性。其萼片 4～5 枚，呈绿色或紫红色，或绿中带黑点，形状有披针形、窄卵形，或者矩圆形；花瓣通常有卵形、宽卵形、矩圆形、

图 5-113　睡莲

长圆形、倒卵形、宽披针形等，瓣端稍尖，或略钝；花有红、粉红、蓝、紫、白等颜色，花瓣有单瓣、多瓣、重瓣，因而花瓣的大小、形状、颜色均因品种而异。果实呈卵形至半球形，在水中成熟，不整齐开裂；种子小，椭圆形或球形；多数具假种皮。花期 7～8 月。

地理分布：大部分原产自北非和东南亚热带地区，少数产于南非、欧洲和亚洲的温带及寒带地区。日本、朝鲜、印度、俄罗斯、西伯利亚及欧洲等地有栽培，美国也有栽培。国内分布云南至东北，西至新疆，各省区均有栽培。

生长习性：喜阳光、通风良好的环境，对土质要求不高，pH 值 6～8 均可正常生长，喜富含有机质的壤土。

繁殖方法：分株繁殖为主，也可播种繁殖，采种后立即播种或贮藏水中。

园林用途：园林水景和园林小品中经常出现，主要用于水面绿化，可盆栽和池栽。

18．芍药（*Paeonia lactiflora* **Pall.**）（图 5-114）

科属：毛茛科、芍药属。

别称：将离、没骨花、婪尾春。

形态特征：多年生草本，株高 50～110 cm，地下具肉质粗根，茎由根部簇生，圆柱形。叶二回三出羽状复叶，小叶片广披针形至长椭圆形，先端渐尖，基部楔形，边缘具骨质的白色小齿。花数朵顶生或上部腋生，具长梗，单生，具叶状苞片，萼片 4 枚，宿存，花瓣 9～13 枚，椭圆形，白或粉色。花期 4～5 月，果熟期 8～9 月。

地理分布：原产自中国北部、日本及西伯利亚。现在河北、山西、陕西、甘肃、安徽、山东、内蒙古等省区均有栽培。

生长习性：喜阳光充足的环境，极耐寒，忌夏季湿热，宜湿润及排水良好的壤土或砂质壤土，忌盐碱地和低洼地。

繁殖方法：以分株为主，也可播种繁殖。

园林用途：花大色艳，花型丰富，可与牡丹媲美。可配植花坛、花境、专类园，庭院中丛植或孤植，春季切花。

图 5-114　芍药

19. 羽衣甘蓝（*Brassica oleracea var.acephala* **DC.**）（图 5-115）

科属：十字花科、芸薹属。

别称：叶牡丹、牡丹菜、花包菜、绿叶甘蓝。

微课：羽衣甘蓝、长春花

形态特征：二年生草本，为食用甘蓝（卷心菜、包菜）的园艺变种。植株高大，株高为 30～40 cm，植株开展度为 60 cm，根系发达，分布在 30 cm 深的耕作层内。茎短缩，密生叶片。叶片肥厚，长椭圆形，叶背稍被蜡粉，叶缘羽状分裂并向上卷缩形成皱褶，呈鸟羽状，美观；栽培一年植株形成莲座状叶丛，经冬季低温，于翌年开花、结实。总状花序顶生，虫媒花。果实为角果，扁圆形，种子圆球形，褐色，千粒重 4 g 左右，花期 4～5 月。主要观赏期为冬季，株丛整齐，叶形变化丰富，叶片色彩斑斓，一株羽衣甘蓝犹如一朵盛开的牡丹花，因而又名叶牡丹。

地理分布：原产地是中海沿岸至小亚细亚一带，现广泛栽培，主要分布于温带地区，我国引种栽培，有少量种植，主要分布在北京、上海、广州等大中型城市。

生长习性：喜冷凉气候，极耐寒，不耐涝。可忍受多次短暂的霜冻，耐热性也较强，生长势强，栽培容易，喜阳光，耐盐碱，喜肥沃土壤。生长适温为 20 ℃～25 ℃，种子发芽的适宜温度为 18 ℃～25 ℃。对土壤适应性较强，而以腐殖质丰富且肥沃的砂质壤土或黏质壤土最宜，在钙质丰富、pH 值为 5.5～6.8 的土壤中生长最旺盛。

繁殖方法：主要播种繁殖。

园林用途：在我国华东地带为冬季花坛的重要材料，是北方地区冬季常用的园林花卉。其观赏期长，叶色极为鲜艳，在公园、街头、花坛常见用羽衣甘蓝镶边或组成各种美丽的图案，用于布置花坛，具有很高的观赏效果。其叶色多样，有淡红、紫红、白、黄等颜色，是盆栽观叶的佳品。欧美及日本将部分观赏羽衣甘蓝品种用于鲜切花。

图 5-115　羽衣甘蓝

20．长春花［*Catharanthus roseus*（L.）G.Don］（图 5-116）

科属：夹竹桃科、长春花属。

别称：日日春、日日草、日日新、三万花、四时春、时钟花、雁来红。

形态特征：多年生草本，高 30 ～ 55 cm。单叶对生，倒卵状矩圆形，浓绿色而具光泽，叶浅色。聚伞花序顶生或腋生，花萼小，5 深裂，花冠高脚碟状，淡红色，喉部紧缩内面具刚毛，裂片左旋；雄蕊 5 枚，着生花冠筒中部以上。蓇葖果，双生。果熟期 9 ～ 10 月。

图 5-116　长春花

地理分布：原产自非洲热带，现在我国华东、华中及西南地区均有栽培。

生长习性：喜光、喜温暖湿润环境，对土壤要求不高，半耐寒或不耐寒。

繁殖方法：播种繁殖。

园林用途：用于春、夏季花坛布置，北方也常盆栽做温室花卉，四季可赏花。

21．鸢尾（*Iris tectorum* Maxim.）（图 5-117）

科属：鸢尾科、鸢尾属。

别称：乌鸢、扁竹花、屋顶鸢尾、蓝蝴蝶、紫蝴蝶、蛤蟆七。

形态特征：多年生草本，株高 30 ～ 40 cm，地下具根状茎，粗壮。叶剑形，革质，基部重叠互抱成两列，长 30 ～ 50 cm，宽 3 ～ 4 cm。花葶自叶丛中抽生，单 1 或 2 分枝，高与叶等长，每梗顶着花 1 ～ 4 朵，花被片 6 枚，外轮 3 枚，较大，外弯或下垂，内轮片较小，直立；花柱花瓣状，花蓝紫色。蒴果长圆形，具 6 棱，种子黑褐色。花期 5 月。

地理分布：原产自我国中部，现今广泛栽培。

图 5-117　鸢尾

生长习性：性强健，喜半阴，耐干燥，耐寒性强，根系较浅，生长迅速，喜阳光充足、排水好、适度湿润、含石灰质的土壤。

繁殖方法：分株繁殖，也可播种。

园林用途：鸢尾叶片碧绿青翠，花形大而奇，宛若翩翩彩蝶，是庭园中的重要花卉之一，也是优美的盆花、切花和花坛用花。其花色丰富，花型奇特，是花坛及庭院绿化的良好材料，也可用作地被植物，有些种类为优良的鲜切花材料。

微课：鸢尾、福禄考

22.小天蓝绣球（*Phlox drummondii* **Hook.**）（图 5-118）

科属：花荵科、天蓝绣球属。

别称：福禄考、福乐花、五色梅。

形态特征：一年生草本，株高 15 ～ 45 cm。茎直立，多分枝，有腺毛。基部叶对生，其他偶有互生，宽卵形、矩圆形至披针形。花径 2 ～ 2.5 cm，聚伞花序顶生，花色丰富，有粉红色、雪青色、白色或具条纹等多数变种与品种，花期 5 ～ 6 月。蒴果椭圆或近圆形。

图 5-118　小天蓝绣球

地理分布：原产自北美南部，现各国广泛栽培。

生长习性：性喜温和气候，耐寒性不强，不耐旱，不喜酷热，喜阳光充足，喜肥沃深厚、湿润且排水良好的土壤。

繁殖方法：播种繁殖。

园林用途：可布置花坛、花境，也可做春季室内盆花。

微课：广东万年青、红掌

23.广东万年青（*Aglaonema modestum* **Schott**）（图 5-119）

科属：天南星科、广东万年青属。

别称：大叶万年青、井干草。

形态特征：多年生常绿草本，高 60 ～ 150 cm。茎直立不分枝，节间明显。叶互生，椭圆状卵形，边缘波状，先端渐尖，叶片长 10 ～ 25 cm，叶柄长达叶片的 2/3，茎部扩大呈鞘状。肉穗花序腋生，白色佛焰苞，长 6 ～ 7 cm，花小，绿色，花期秋季。浆果成熟由绿色至黄红色。

地理分布：原产自我国南部、马来西亚和菲律宾等地。

图 5-119　广东万年青

生长习性：喜温暖湿润环境，生长适温为 17 ℃～27 ℃，越冬保持 4 ℃以上，忌阳光直射，在微弱光照下也不会徒长；喜肥沃疏松且排水良好的微酸性土壤。

繁殖方法：分株或茎干切段繁殖，也可播种。

园林用途：盆栽观赏，也可做切花。

24．花烛（*Anthurium Scherzerianum* **Schott.**）（图 5-120）

科属：天南星科、花烛属。

别称：红掌、安祖花、火鹤花、红鹅掌。

形态特征：多年生附生常绿草本，具肉质气生根。茎节间短，叶鲜绿色，革质，长椭圆状心形，全缘。花梗长，超出叶上，佛焰苞阔心脏形，直立开展，革质，表面波状，鲜朱红色，有光泽；肉穗花序无柄，圆柱形，黄色，花期全年。

图 5-120 花烛

地理分布：原产自哥伦比亚，欧洲、亚洲、非洲皆有广泛栽培。

生长习性：不耐寒，喜温暖、阴湿，要求空气湿度高。夏季生长适温为 20 ℃～25 ℃，冬季温度不可低于 15 ℃。

繁殖方法：主要采用分株、扦插、播种和组织培养进行繁殖。

园林用途：其花朵独特，为佛焰苞，色泽鲜艳华丽，色彩丰富，是世界名贵花卉。花期长，切花水养可长达一个半月，可切叶做插花的配叶，也可做盆栽，盆栽单花期长达 4～6 个月，周年可开花。

25．合果芋（*Syngonium podophyllum* **Schott.**）（图 5-121）

科属：天南星科、合果芋属。

别称：长柄合果芋、紫梗芋、剪叶芋、丝素藤、白蝴蝶、箭叶。

形态特征：多年生常绿蔓性草本。茎蔓生，具大量气生根，光照适度时晕紫色。叶互生，具长柄，幼叶箭形，淡绿色，成熟叶窄三角形，3 深裂，中裂片较大，深绿色，叶脉及近叶脉处呈黄色。

图 5-121 合果芋

微课：合果芋、马蹄莲

地理分布：原产自中美、南美热带地区。

生长习性：喜高温多湿和半阴环境，不耐寒，怕干旱和强光暴晒。宜疏松肥沃、排水良好的微酸性土壤。

繁殖方法：主要采用扦插繁殖。

园林用途：做室内观叶盆栽，可悬垂、吊挂及水养，也可做壁挂装饰。大盆支柱式栽培可供厅堂摆设，在温暖地区的室外半阴处，可做篱架及边角、背景、攀墙和铺地材料。

26．马蹄莲（*Zantedeschia aethiopica*（Linn.）Spreng.）（图 5-122）

科属：天南星科、马蹄莲属。

别称：慈姑花、水芋。

形态特征：多年生球根花卉，具肥大的肉质块茎，株高 70～100 cm。叶基生，具长柄，叶柄长于叶片 2 倍以上，中央为凹槽，叶片卵状箭形。花梗与叶柄等长，佛焰苞白色，质厚，呈短漏斗状，喉部开花，先端长尖，稍反卷；肉穗花序短于佛焰苞，鲜黄色；花期 12 月至翌年 5 月，盛花 2～3 月。

图 5-122 马蹄莲

地理分布：原产自非洲东北部及南部。北京、江苏、福建、台湾、四川、云南及秦岭地区栽培供观赏。

生长习性：喜温暖，稍耐寒，喜光，耐半阴，喜肥水，忌干旱。

繁殖方法：分球或播种繁殖。

园林用途：马蹄莲挺秀雅致，花苞洁白，宛如马蹄，叶片翠绿，缀以白斑，可谓花叶双绝。清纯的马蹄莲花，是素洁、纯真、朴实的象征。马蹄莲已在国际花卉市场上成为重要的切花种类之一。

常用于制作花束、花篮、花环和瓶插，装饰效果特别好。矮生和小花型品种盆栽用于摆放台阶、窗台、阳台、镜前，充满异国情调，特别生动可爱。马蹄莲可配植在庭园，尤其可丛植于水池或堆石旁，开花时会非常美丽。

27．五彩芋［*Caladium bicolor*（Ait.）Vent.］（图 5-123）

科属：天南星科、五彩芋属。

别称：花叶芋。

形态特征：多年生草本，地下块茎扁圆，黄色。叶箭形或卵状三角形至圆形，盾状着生，上面有不同色彩，有橙红、粉红、绿、白、银白、红等斑点与斑块，变薄，呈半透明状，下面苍白色；叶柄长，由块茎抽出，苍白色或具白粉，有时为绿色。佛焰苞具筒，内部

图 5-123 五彩芋

白绿，苞片坚硬，尖端白色；肉穗花序黄至橙黄色。

地理分布：原产自南美热带地区，巴西和亚马孙河沿岸分布较广，我国福建、广东，以及云南南部均有广泛栽培。

生长习性：喜高温、高湿、半阴环境。不耐寒，生长适宜温度为 24 ℃～30 ℃，但不可低于 15 ℃。喜肥沃、疏松、排水良好且富含腐殖质土壤。生长期 6～10 月，低温条件下处于休眠状态。

繁殖方法：分株繁殖为主，在块茎开始抽芽时，用利刀将块茎切开，每小块茎至少应有两个芽；也可播种繁殖。

园林用途：盆栽观赏。

28. 中国水仙（*Narcissus tazetta* **var.** *chinensis* **Roem.**）（图 5-124）

科属：石蒜科、水仙属。

别称：雅蒜、鳞波仙子、天葱、女星、女史、姚女。

形态特征：中国水仙为多花水仙的主要变种之一，为多年生草本花卉。其鳞茎肥大，卵状至广卵状球形，外被褐色皮膜。叶狭长带状，长 30～80 cm，宽 1.5～4 cm，全缘，端钝圆。花葶于叶丛中抽出，稍高于叶丛，中空，筒状或扁筒状；伞形花序，每葶着花 3～8 朵，花白色，芳香，中心部位有副冠 1 轮，鲜黄色，杯状，花期 1～2 月。

图 5-124　中国水仙

地理分布：现主要集中在我国东南沿海一带。中国水仙并非原产自我国，而是归化于我国的逸生植物，大约于唐初由地中海传入我国。

生长习性：喜充足阳光，也耐半阴，喜冷凉湿润气候，不耐炎热，于夏季休眠，为秋植球根。要求疏松潮湿且腐殖质丰富的酸至中性土壤。

繁殖方法：分球繁殖。

园林用途：在温暖地区，可露地布置花坛、花境，也可于疏林下、草坪中成丛成片栽植。在北方多在冬季室内水养观赏。

29. 君子兰（*Clivia miniata* **Regel.**）（图 5-125）

科属：石蒜科、君子兰属。

形态特征：常绿宿根花卉，根肉质粗壮，基部为假鳞茎，叶二列基生，剑形，全缘，长 30～80 cm，宽 3～10 cm，主脉平行，侧脉横向，脉纹明显，叶表面深绿色有光泽。花葶粗壮，从叶丛中抽出，稍高于叶丛，伞形花序，着花 10～40 朵或更多，总苞片 1～2 轮，共 5～9 枚，小花柄长 4～8 cm；花大，直立生长，宽

图 5-125　君子兰

漏斗形，花有橙黄、橙红、鲜红、深红等颜色。浆果球形，成熟后紫红色。花期冬、春季，每年开花 1 次或 2 次，只有部分植株能开 2 次花，第 2 次在 8～9 月。

君子兰的主要变种如下：

（1）斑叶君子兰（var.stricta）：叶有斑。

（2）黄色君子兰（var.aurea）：花黄色，基部色略深。

地理分布：原产自南非，现世界各地广泛栽培。

生长习性：喜温暖湿润半阴的环境。喜散射光，忌夏季阳光直射。有一定耐旱能力，不耐渍水。生长适温为 15 ℃～25 ℃。要求疏松肥沃、排水良好且富含腐殖质的砂质壤土。

繁殖方法：播种或分株繁殖。

园林用途：盆栽观赏，是著名的观叶、观花植物。

30．蜘蛛兰［*Hymenocallis littoralis*（**jacq.**）**Salisb.**］（图 5-126）

科属：石蒜科、水鬼蕉属。

别称：美丽蜘蛛兰、美丽水鬼蕉。

形态特征：多年生草本植物，地下具球形鳞茎，直径 7～10 cm，株高 1～2 m。叶基生，鲜绿色，倒披针形，端锐尖，长约 60 cm，基部有纵沟。花葶粗壮，灰绿色，压扁，实心；伞形花序顶生，着花 10～15 朵，花大型，花径可达 23 cm，白色，有香气，花由外向内顺次开放；

图 5-126　蜘蛛兰

总苞片 5～6 片，披针形，绿色，长 7～10 cm；花筒部带绿色，长 8～10 cm；花被片线形，比筒部长 2 倍；副冠齿状漏斗形，长约 4 cm；花期夏秋。

地理分布：原产自西印度群岛。

生长习性：生长强健，适应性强，喜温暖湿润、光照充足的环境。不择土壤，但以富含腐殖质、疏松肥沃、排水良好的砂质壤土为宜。

繁殖方法：分球繁殖。

园林用途：蜘蛛兰花形奇特，花姿潇洒，色彩素雅又有香气，是布置庭园和室内装饰的佳品，尤适于花园配置。

31．美人蕉（*Canna indica* **L.**）（图 5-127）

科属：美人蕉科、美人蕉属。

别称：红艳蕉、小花美人蕉、小芭蕉。

形态特征：多年生直立草本，高 1～3 m，全株无毛，具粗壮的根状茎。叶互生，质厚，矩圆状椭圆形，下部叶较大，长

30～40 cm，全缘，顶端尖，基部阔楔形，中脉明显，侧脉羽状平行，叶柄有鞘。顶生总状花序有白粉，花红色，苞片长约 1.2 cm，萼片 3 枚，苞片状，淡绿色，披针形，长 2 cm；花瓣 3 枚，长 4 cm；退化雄蕊 5 枚，花瓣状，鲜红色，倒披针形，其中 2 或 3 枚较大，1 枚反卷成唇状，绿色，具软刺。

图 5-127 美人蕉

地理分布：我国南北各省区均有分布，普遍栽培。

生长习性：喜温暖湿润气候，适应肥沃深厚土壤，在气温低于 0 ℃时易受冻，喜光。

繁殖方法：分切根状茎繁殖、分株繁殖或播种繁殖。播种繁殖时，种子不能晒，需沙藏，翌年春播种。

园林用途：由于美人蕉叶大，常绿，花色艳丽，因此，可以室内盆栽，也可在花坛、花带、水景旁边种植。

32. 丽格秋海棠（*Begonia×hiemalis* **Fotsch.**）（图 5-128）

科属：秋海棠科、秋海棠属。

别称：丽佳秋海棠、里拉秋海棠。

形态特征：宿根草本植物，块茎肉质，扁圆形。丽格秋海棠是由德国人将球根海棠与野生秋海棠杂交得到的新品系，花型花色丰富，花朵硕大，花品华贵瑰丽，属短日照植物，没有球根，也不会结种子。叶片自茎出，心形，先端渐尖，边缘有锯齿，叶柄约为叶片长度的 1/3～1/2。聚伞花序腋生，有小花 20 余朵，单瓣或重瓣，直径

图 5-128 丽格秋海棠

约 3 cm，甚为绚丽夺目，娇媚动人；大型的重瓣花好似月季、山茶、香石竹等名花的姿色，有时花瓣有裙边，其色泽自白、黄至粉红、红、橙不等；其中，白色的"山林女神"，橙色的"埃洛沙""路沙莉"，黄色的"探戈舞""黄色旋律"，红色的"海特""水妖"，奶油色的"巴洛马"等都为优良品种。

地理分布：原产自德国，现今我国也有广泛栽培。

生长习性：栽培土质以肥沃的腐殖质土壤最佳，需阴凉通风，日照 50%～60%，日照超过 14 h 便进行营养生长，反之在 14 h 以下即易开花，因此，可用电照方法调节花期，常见于冬至春季开花。丽格秋海棠无论单瓣或重瓣，大都喜冷凉性气温，适宜范围为 10 ℃～20 ℃，其不耐高温，超过 30 ℃，茎叶枯萎脱落甚至死亡。

繁殖方法：以扦插繁殖为主。

园林用途：丽格秋海棠花期长，花色丰富，枝叶翠绿，株型丰满，是冬季美化室内环境的优良品种，也是四季室内观花植物的主要种类之一。

33．白花三叶草（*Trifolium repens* L.）（图 5-129）

科属：豆科、三叶草属。

别称：白三叶、白车轴草、白花苜蓿。

形态特征：白花三叶草属多年生豆科草本植物，主根短，侧根发达，多根瘤。茎实心，长 30～50 cm，基部分枝多，光滑细软，茎节处着地生根，并长出新的匍匐茎向四周蔓延，侵占性强。三叶复出，叶柄细长，小叶倒卵形，叶面中央有白色 V 形白斑。头状花序，生于叶腋，小花白色或粉红色。荚果细小而长，每荚有种子 3～4 粒。

图 5-129　白花三叶草

地理分布：原产自欧洲、北非及西亚，现世界各地广泛栽培。

生长习性：喜温暖湿润气候，耐热耐寒，喜阳光充足，不耐阴，宜排水好的中性或微酸性土壤，不耐盐碱，耐干旱，不耐践踏，适应性极强。

繁殖方法：播种繁殖，也可扦插繁殖。

园林用途：白花三叶草营养丰富，饲养价值高，粗纤维含量低，草质柔嫩，适口性好，牛、羊喜食，是优质高产肉牛和羊的放牧用草。其既可作为观赏草坪或作为水土保持植被，也可用于草坪的混播种，可以固氮，为与其一起生长的草坪提供氮素营养。

34．紫茉莉（*Mirabilis jalapa* L.）（图 5-130）

科属：紫茉莉科、紫茉莉属。

别称：粉豆花、夜饭花、状元花。

形态特征：多年生草本，做一年生栽培。茎直立，多分枝，高 50～100 cm，具膨大的节。单叶对生，卵状或卵状三角形，全缘。花数朵聚生枝顶，总苞萼状边缘 5 裂，内生 1 花；花萼呈花瓣状，喇叭形，有紫红、粉红、红、黄、白等各种颜色，也有杂色，具微香。瘦果球形，黑色，具纵棱和网状纹理，形似地雷状。花、果期 6～10 月。

图 5-130　紫茉莉

地理分布：原产自美洲热带，我国各地普遍栽培。

生长习性：喜光、喜温暖湿润气候，耐炎热、不耐寒；对土壤要求不高，适应性强，能自播。

繁殖方法：播种繁殖。

园林用途：紫茉莉既是夏季布置花坛、花境的良好材料，也宜作庭院、林缘的美化材料。其适宜点缀游园及纳凉场所。

微课：鹤望兰

35．鹤望兰（*Strelitzia reginae* **Aiton.**）（**图 5-131**）

科属：旅人蕉科、鹤望兰属。

别称：天堂鸟、极乐鸟之花。

形态特征：多年生常绿草本，株高可达 1 m。具粗壮肉质根，茎不显。叶基生，两侧排列，长椭圆形，草质，具特长叶柄，有沟槽。总花梗与叶丛近等长，顶生或腋生；花苞横向斜伸，着花 6～8 朵；总苞片绿色，边缘晕红，花形奇特，小花的 3 枚花被片橙黄色，内 3 枚花被片舌状，蓝色，形若仙鹤翘首远望；花期春夏至秋，温室冬季也有花，花期可长达 3～4 个月。

图 5-131 鹤望兰

地理分布：原产自非洲，现各地广泛栽培。

生长习性：喜温暖湿润气候，不耐寒，喜光照充足，要求肥沃、排水好的稍黏质土壤，耐旱，不耐涝。

繁殖方法：分株繁殖或播种繁殖。

园林用途：鹤望兰叶大姿美，四季常青，花形奇特，美丽壮观，成型植株一次能开花数十朵，是一种高贵的观花、观叶花卉，已成为世界名花。可盆栽，也是珍贵的切花，也可切叶。

※ 任务实施

1．接受任务

（1）学生分组：4～6 人／组，每组选出一名组长；

（2）由教师分配各组的调查区域。

2．制定调查方案

每个调查小组的组长带领本组成员制定调查方案，方案内容应包括调查目的、组内分工、调查范围、调查路线、调查时间、调查方法和调查成果等。

3．调查准备

（1）查找资料，形成初步的园林绿化草本花卉名录；

（2）确定常见草本花卉的识别特征；

（3）设计记录表格，准备调查工具，如照相机等。

4．外业调查

按照确定的调查路线，识别和记录每种用于园林绿化的草本花卉，拍摄每种植物的识别特征照片和全景照片，并填写表5-7。

表5-7　（地区名）园林绿化草本花卉调查表

序号	植物名称	照片编号	分布区域	数量	生长情况
1					
2					
...					

5．内业整理

查找相关资料，对调查的植物进行整理与鉴定，并完善园林绿化草本花卉名录。

6．调查报告

根据调查的结果，每个小组自行设计格式，写出一份调查报告，报告内容应包括调查目的、组内分工、调查范围、调查路线、调查时间、调查方法和调查成果（如种类、数量、生长情况分析）等，重点对结果进行分析，并提出合理化建议。

※ 任务考核

园林绿化草本花卉调查任务考核标准见表5-8。

表5-8　园林绿化草本花卉调查任务考核标准

考核项目	考核内容	分值/分	分数	考核方式
调查方案	内容完整，方案执行分工明确	10		分组考核
调查准备	名录编写正确，材料准备充分	10		分组考核
外业调查	按照预定方案执行，调查资料全面、无遗漏	10		分组考核
内业整理	植物定名正确，资料整理清楚	10		分组考核
调查报告	内容全面、数据准确、分析合理	10		分组考核
草本花卉识别能力	正确命名	10		单人考核
	识别特征	20		
	科属判断	10		
团队协作	互帮互助，合作融洽	10		单人考核

中国传统十大名花

一、中国传统十大名花

中国传统十大名花，不仅因为它们的艳美和醇香，还因为它们都有独特的品质和性格，所以才被从万花丛中精选出来，成为人们公认的名花。

梅花为冠军，有花魁之称，总领群芳；

牡丹为亚军，花中之王，国色天香；

菊花为季军，高洁丰丽，傲霜怒放；

兰花为第四，花中君子，天下第一香；

月季为第五，花中皇后，世界名花；

杜鹃为第六，花中西施，风姿卓绝；

山茶为第七，花中珍品，富丽堂皇；

荷花为第八，水中芙蓉，磊落大方；

桂花为第九，秋风送爽，十里飘香；

水仙为第十，凌波仙子，清新淡雅。

1．凌霜傲雪——梅花

梅花原产自我国西南及长江以南地区，可以露地栽培，北方多做室内盆栽。梅花为蔷薇科李属落叶乔木，树干紫褐或灰褐色，小枝绿色，叶卵形至阔卵形。早春叶前可开花，花瓣5片，花主要有大红、桃红、粉、白等颜色，清雅芳香。核果近球形，果熟期为6～7月。园林中多用于庭院绿化或盆栽观赏。

2．总领群芳——牡丹

牡丹雍容华贵，被人们誉为"花中之王"，它是中华民族兴旺发达、美好幸福的象征。牡丹以山东菏泽、河南洛阳为栽培中心，园艺品种有500余个。牡丹为芍药科落叶灌木，株高1～2 m，叶互生，二回三出羽状复叶，花单生于当年生枝顶，花形美丽，花色丰富，有红、粉、黄、白、绿、紫等颜色。花期4～5月，果熟期为9月，可播种、分株、嫁接繁殖。

微课：牡丹

牡丹可以人工催花，如需要春节开花，立秋后起苗装盆，放入冷室，11月下旬，将小苗移入18 ℃～25 ℃的温室内进行养护管理，适量施肥浇水，50～60天后便能开花。牡丹花枝可供切花，根皮入药，有活血、镇痛的效果。

3. 独立冰霜——菊花

菊花是我国的传统名花，按植株形态可分为三种类型：一为独本栽菊，花头大、植株健壮；二为切花菊，世界各国广为栽培；三为地被菊，植株低矮，花朵小，抗性强。菊花独立冰霜、坚贞不屈，格外受到人们青睐。

菊花为菊科多年生宿根草本植物，茎直立多分枝，叶卵形或广披针形，边缘深裂。头状花序单生或数个聚生于茎顶，园艺品种较多，常见栽培有玫红、紫红、墨红、黄、白、绿等花色，也有一花两色品种，花期 10 ～ 12 月。生产中多采用扦插法，有些菊花可用青蒿做砧木，进行芽接育苗，如悬崖菊、什锦菊等。菊花为短日照植物，每日 8 ～ 10 h 日照，70 天左右就能开花。菊花的花可入药，有清热、明目、降血压之效。

4. 从容优雅——兰花

兰花，素有"花中君子""王者之香"的美誉。中国兰又名地生兰，按其形态，可分为春兰、蕙兰、建兰、墨兰、寒兰等。我国云南、四川、广东、福建，中原及华北山区均有野生。兰花喜温暖、湿润、半阴环境，适宜在疏松的腐殖质土壤中生长、分株繁殖，要求适量施肥和及时浇水。一般来说，5 月之后需将苗盆移至通风凉爽的荫棚下，进行养护管理，立秋后再搬入室内，这样有利于花芽形成，适时开花。兰花可以装点书房和客厅，还能够净化空气。兰花的花枝可做切花。

5. 热情如火——月季

月季不但是我国的传统名花，而且是世界著名花卉，世界各国广为栽培。月季按花朵大小、形态性状，可分为现代月季、丰花月季、藤本月季和微型月季四类。顾名思义，月季是月月有花、四季盛开。现代月季由中国月月红小花月季与欧洲大花蔷薇杂交而成，花期以 5 月和 9 月开花最盛。藤本月季枝条呈藤蔓状，花朵较大。丰花月季花朵中等而密集，花期从 5 月中旬一直能开到 10 月。微型月季株型低矮，花朵也小，终年开花，适宜室内盆栽。月季在园林中多用于庭院绿化，也可种植在专类园。扦插、嫁接繁殖，可以芽接也能靠接。月季花可提取香精，用于食品及化妆品香料，花入药有活血、散瘀之效。

6. 繁花似锦——杜鹃

杜鹃为杜鹃花科杜鹃花属常绿或半常绿灌木，世界著名观赏花卉。据不完全统计，全世界杜鹃属植物有 800 余种，而原产自我国的就有 650 种之多。近年来，我国引进大量西洋杜鹃。西洋杜鹃株型低矮，花朵密集，花色丰富，适宜室内盆栽，花期正值我国春节之际，受到花卉爱好者的青睐。杜鹃喜温暖、半阴环境，宜于酸性腐殖土生长。扦插、高枝压条或嫁接繁殖。室内盆栽，花后要控制浇水，盆土"见干见湿"即可，土壤过干或过湿容易造成大量落叶。通常在 4 月中旬将苗盆移到室外通风凉棚下，不能强光暴晒，定期浇灌经过发酵的青草水或 0.2% 的硫酸亚铁水，可以防止叶尖枯黄。杜鹃花可入药，尤其是我国东北及华北地区野生的映山红，疗效十分显著。

7. 富丽堂皇——茶花

茶花是"花中娇客"，四季常青，冬春之际开红、粉、白花，花朵宛如牡丹，有单瓣、重瓣。茶花为山茶科山茶属常绿灌木或乔木，叶互生、椭圆形、革质，有光泽。产于我国云南、四川，南方地区多用于庭院绿化，北方均室内盆栽。茶花喜温暖、湿润气候，夏季要求荫蔽环境，宜于酸性土壤生长。播种、扦插、嫁接繁殖。茶花可以人工控制花期，若需春节开花，可在12月初增加光照和气温，一般情况下，在25 ℃温度条件下，40天就能开花，若需延期开花，可将苗盆放于2 ℃～3 ℃冷室，若需"五一"开花，可提前40天加温催花。

8. 清新脱俗——荷花

荷花又名莲花、水芙蓉，是我国著名水生花卉，栽培历史悠久。荷花为睡莲科多年生水生草本植物，根茎肥大、有节，俗称"莲藕"，叶盾形，分为"浮叶"和"立叶"两种。花有单瓣和重瓣之分，花色有桃红、黄色、白色，也有复色品种。荷花在我国各地多有栽培，有的可观花，有的可生产莲藕，有的专门生产莲子。荷花是布置水景园的重要水生花卉，它与睡莲、水葱、蒲草配植，使水景园格外秀丽壮观。荷花花期7～8月，果熟期9月。播种、植藕繁殖。莲藕、莲子可食用，莲蓬、莲子心入药，有清热、安神之效。

9. 十里飘香——桂花

桂花在国庆节前后开花，"金风送爽，十里飘香"是吉祥如意的象征。桂花为木犀科常绿小乔木，南方地区多用于庭院绿化，北方均室内盆栽。桂花品种较多，常见栽培有金桂（花金黄色）、银桂（花黄白色）、丹桂（橙红色）和四季桂（花乳白色）四种。桂花可用嫁接和高取压条育苗，春季进行枝接或靠接，秋季进行芽接，砧木可选用桂花实生苗或女贞。桂花经济价值很高，花可以提取香料，也可熏制花茶。

10. 凌波玉立——水仙

水仙素有"凌波仙子"的雅称，是我国传统名花。漳州水仙最负盛名，它鳞茎大、形态美、花朵多、馥郁芳香，深受国人喜爱，同时畅销国际市场。水仙是冬季观赏花卉，既可用水泡养，也可盆栽。可用鳞茎繁殖，常见栽培品种有"金盏银台"（单瓣花）和"玉玲珑"（重瓣花）。水仙茎叶清秀、花香宜人，可用于装点书房、客厅，格外生机盎然。水仙茎叶多汁有毒，不可误食，牲畜误食会导致痉挛。鳞茎捣烂外敷，可以治疗疮痈。

二、传统名花的象征

牡丹，又名富贵花，原产自我国西北部。被誉为"国色天香""万花一品"。

作为富贵吉祥、繁荣幸福的象征。

梅花，又名春梅，原产自我国。梅花树姿优美，品种繁多，香味清芳，富于端庄，素雅，诗情画意。"万花敢向雪中出，一树独先天下春"，以傲霜斗雪精神为人称颂，它象征坚贞不屈。

菊花，又名秋菊，原产自我国。清雅高洁，花形优美，色彩绚丽，自古以来被视为高风亮节、清雅洁身的象征。

月季，原产自我国。品种繁多，色彩娇艳，婀娜多姿，芳香馥郁，被视为爱情、温馨、幸福的象征。

兰花，花形、花色多彩多姿，雅俗共赏，象征贤士雅客、高尚情操、浩然正气。

杜鹃花，原产自我国。树姿优美，开花时灿烂夺目，异常热闹，象征相思、一片深情。

茶花，原产自我国。开花时色彩夺目，象征战斗胜利，被誉为胜利之花。

荷花，又名莲花，原产自我国。花大色艳，亭亭玉立，清香四溢，被视为花中君子，是高尚品德的象征。

桂花，又名木犀，原产自我国。树姿挺秀，终年常绿，开花时浓香四溢，被视为光荣的象征。

水仙，又名"凌波仙子"，原产自我国南部。它以莹韵、清郁、幽雅、芳香而著称，象征高雅、圣洁。

参 考 文 献

［1］刘仁林 . 园林植物学［M］. 北京：中国科学技术出版社，2005.

［2］陈有民 . 园林树木学［M］.2 版 . 北京：中国林业出版社，2011.

［3］宋洪文 . 园林植物［M］. 北京：航空工业出版社，2012.

［4］陈秀波，张百川 . 园林树木识别与应用［M］. 武汉：华中科技大学出版社，
2012.

［5］芦建国 . 花卉学［M］. 南京：东南大学出版社，2004.

［6］李扬汉 . 植物学［M］.3 版 . 上海：上海科学技术出版社，2015.

［7］张文静 . 许桂芳 . 园林植物［M］. 郑州：黄河水利出版社，2010.

［8］邓小飞 . 园林植物［M］. 武汉：华中科技大学出版社，2008.

［9］潘文明 . 观赏树木［M］.3 版 . 北京：中国农业出版社，2014.

［10］方彦，何国生 . 园林植物［M］. 北京：高等教育出版社，2005.

［11］张天麟 . 园林树木 1600 种［M］. 北京：中国建筑工业出版社，2010.

［12］赵世伟，张佐双 . 园林植物景观设计与营造［M］. 北京：中国城市出版社，
2001.

［13］李景侠，康永祥 . 观赏植物学［M］. 北京：中国林业出版社，2005.

［14］顾昌华，刘明智 . 园林植物识别技术［M］. 南京：江苏教育出版社，2011.

［15］陈汉斌 . 山东植物志［M］. 青岛：青岛出版社，1990.

［16］金松恒，李根有 . 园林植物学［M］. 天津：天津科学技术出版社，2015.

［17］陆时万，徐祥生，沈敏健，等 . 植物学［M］.2 版 . 北京：高等教育出版社，
1992.

［18］中国科学院中国植物志编委会 .《中国植物志》：第 6 卷［M］. 北京：科
学出版社，1990.

［19］李法曾 . 山东植物精要［M］. 北京：科学出版社，2004.

［20］薛聪贤 . 景观植物实用图鉴［M］. 北京：北京科学技术出版社，2002.